本书出版获得国家自然科学基金项目"基于人才聚集的高等院校协同创新机制研究"（项目编号：71473174）；太原科技大学博士科研启动项目"创新型企业人才集聚系统劣质化机理、评价及治理研究"（W20152004）联合资助。

组织冲突对科研团队人才集聚效应影响机理及冲突调控研究

唐朝永　著

知识产权出版社
全国百佳图书出版单位

图书在版编目（CIP）数据

组织冲突对科研团队人才集聚效应影响机理及冲突调控研究/唐朝永著．—北京：知识产权出版社，2017.4

ISBN 978-7-5130-4695-4

Ⅰ.①组… Ⅱ.①唐… Ⅲ.①科学研究组织机构—人才管理—研究 Ⅳ.①G311

中国版本图书馆 CIP 数据核字（2017）第 004568 号

内容提要

本研究基于组织冲突理论、人才集聚理论与社会资本理论，采用社会物理学、突变理论、实证研究、可拓工程等理论与方法研究了组织冲突对科研团队人才集聚效应的影响机理，提出了有效调控组织冲突的方法。该研究不仅可以进一步丰富组织冲突研究领域的理论成果，也可以为提升科研团队人才集聚效应提供一定的理论依据和实践指导。

责任编辑：刘晓庆　　　　　　　　　　　　　**责任出版：孙婷婷**

组织冲突对科研团队人才集聚效应影响机理及冲突调控研究
ZUZHICHONGTU DUI KEYANTUANDUI RENCAIJIJUXIAOYING YINGXIANGJILI
JI CHONGTU TIAOKONG YANJIU

唐朝永　著

出版发行：**知识产权出版社** 有限责任公司	网　　址：http：//www.ipph.cn
电　话：010-82004826	http：//www.laichushu.com
社　址：北京市海淀区西外太平庄 55 号	邮　编：100081
责编电话：010-82000860 转 8073	责编邮箱：396961849@qq.com
发行电话：010-82000860 转 8101/8029	发行传真：010-82000893/82003279
印　刷：北京中献拓方科技发展有限公司	经　销：各大网上书店、新华书店及相关专业书店
开　本：720mm×960mm　1/16	印　张：16
版　次：2017 年 4 月第 1 版	印　次：2017 年 4 月第 1 次印刷
字　数：211 千字	定　价：48.00 元

ISBN 978-7-5130-4695-4

前　言

2005 年我经过深思熟虑做出了一个对我之后的职业生涯产生了重大影响的"专业转换和职业转换的决策",即从我原来所学的计算机应用专业转向管理学专业,从企业任职到高校任教的人生改变之旅,从那时起已有 10 余年。

在这 10 多年来,我一直在高校学习、工作,一路走来可谓"酸甜苦辣"。同时,我也通过自己的刻苦努力和不断进步逐步找到了人生的归宿并取得了一定的成绩和劳动成果。在硕士研究生阶段和博士研究生阶段,尤其是在博士研究生期间,我先后重点参与了导师陈万明教授主持的国家社会科学基金项目"我国自然灾害多发条件下社会化救灾人员储备体系研究"、南京市哲学社会科学研究项目"全球视野下国际人才竞争与南京市领军型科技人才工作的研究",参与硕士生导师主持的国家自然科学基金项目"基于人才聚集的高等院校协同创新机制研究",主持山西省哲学社会科学基金"山西省领军型创业人才集聚及其政策研究",太原科技大学博士科研启动项目"创新型企业人才集聚系统劣质化机理、评价及治理研究";在学术期刊及会议上发表学术论文 30 余篇(这些论文已被国内外学者引用达 159 次)。其中,5 篇发表在国家自然科学基金委管理科学部认定的重要管理科学期刊上,18 篇发表在 CSSCI 来源期刊。

然而,对我而言,由于各种原因,我至今尚未出版过一部属于自己的学术专著。事实上,自从研究生开始,我就对许多教学严谨、科研成果丰硕等造诣颇深的专家学者仰慕不已，梦想着有朝一日也能够通过自己的努力出版一部、两部甚至更多的专著。

"机会总是垂青有准备的人"，2015年，我通过三年的刻苦攻读终于完成了博士论文答辩，进入太原科技大学经济与管理学院任教，主持了学校博士科研启动项目。2016年，我又获得了一项山西省哲学社会科学基金资助，这对于刚刚博士毕业的我来说是一个很大的鼓励。站在新的起点，回首往昔，我更需要总结、提炼并升华近10年尤其是博士期间的科研经验和学术成果，把它作为今后科研前进的方向和基础。

在我博士求学的整整三年时间里，我发愤图强、殚精竭虑，常常夜以继日、废寝忘食，开展了卓有成效的研究工作，三年的辛勤劳动终于换来了较为丰硕的成果：发表相关学术论文近20篇，其中发表在中文核心期刊（包括《科学学研究》《预测》《研究与发展管理》《管理评论》《系统工程》《软科学》等）10余篇。这些科研成果为我撰写一部有较高理论水平和学术价值的专著提供了丰富的资源。之后，我便产生了出版一部专著的想法。然而，一些现实问题也随即萦绕着我，怎么选出版社？怎么联系？如何办理相关手续？经过向同事咨询，我最终选择了国家级出版社——知识产权出版社，在编辑老师的热心帮助和协助下，本书的出版协议很快就签订了。同时，经过我的努力，本书的撰写、修正和定稿工作也顺利、高效、优质地完成了。在不久的将来，我的学术专著终于可以刊发了，这也是对我多年来学术成果的最好证明。

在本书即将付梓之时，我首先要对近年来对我研究生学习的导师牛冲槐教授和陈万明教授表示衷心的感谢。他们的辛勤指导和严格要求使我按时高质量地完成了学业，取得了较好的研究成果；同时也感谢其他的老师和同学们，他们给了我莫大的帮助和支持；感谢知识产权出版社的领导、编辑和其他工作人员，没有他们认真而高效的工作，本书不可能如期面世。

最后，我要特别感谢我的父母、妻子和女儿！在过去的10年里，他们对我的事业给予了不遗余力的理解和支持，对我的生活给予了无微不至的关怀和照顾。

"路漫漫其修远兮，吾将上下而求索。"本书既是我之前科研工作的一个总结，同时也是我未来科研之路的新起点。在今后的科研生涯中，我将一如既往地积极探索、潜心研究、锐意创新，努力取得新的更大的科研成绩。

2017 年 3 月 1 日

目　录

图表目录

第一章　绪论

第一节　研究背景

一、理论背景

科研团队这种组织形式日益成为越来越多企业开展组织创新的基本模式。正如德鲁克所认为的那样，扁平化、信息化和柔性化正成为组织的特征，科研团队正成为组织的基本构成单元。但是，将若干人组织在一起工作，也不一定能够达到团队人才集聚效应大于个体创新效能之和的协同作用，相反也许会产生"一个和尚挑水喝，两个和尚抬水喝，三个和尚没水喝"的现象。造成这种现象的原因是错综复杂的，组织冲突是其中的一个不容忽视的关键要素。作为一种重要的组织行为，组织冲突是科研团队人才集聚过程中的客观现象，科研团队并非要禁止、避免或消灭冲突，而是要采取有效的冲突治理机制调控冲突，激励良性的、建设性的冲突，削减恶性的、破坏性的冲突，保持适度的冲突水平。以往国内外学者都曾对组织冲突进行了比较系统的研究，从组织冲突认识观念的视角，经历了"反对冲突""接受冲突""辩证对待冲突"的认识过程，使人们对组织冲突具有了更为科学、理性的冲突观；从组织冲突调控的视角，经历了一维的"避免冲突""二维模型""引入第三

1

方"与"和谐管理理论"等冲突调控方法，使得人们对于组织冲突的调控具有了更为深入的认识，并开发和提出了一系列有效的冲突解决工具、模型和方法。然而，组织冲突是一个复杂的、多变的、多维的动态过程，它对于科研团队人才集聚效应的影响也表现出多维性、复杂性和动态性。以往的冲突调控方法和模型缺乏有效性和针对性。因此，深入探讨组织冲突对科研团队人才集聚效应的影响机理及其调控方法，已成为企业人力资源管理领域需要重点关注的问题。然而，从目前的情况看，我国企业科研团队的创新性普遍不高，我国学者在科研团队创新及其影响因素研究方面所取得的建树，还并不丰硕。要想进一步完善并改变这种现状，就必须加强科研团队创新及其影响因素方面的理论与实证研究。

人才集聚的研究虽然起步较晚，但在人才集聚内涵、原因分析、环境、评价、模式和与其他相关变量的关系方面，已经取得了比较丰硕的研究成果。但有关人才集聚效应与组织冲突之间关系的研究成果还比较少，通过中国知网及国外期刊（如 EBSCO 和 Elsevier 等）进行文献检索，仅发现相关文献不超过 10 篇，更没有见到专门研究团队社会资本、组织冲突和科研团队人才集聚效应三者间关系的文献。相关研究多以定性描述、理论探讨为主，多强调冲突对于人才集聚的负面影响，而很少具体深入地开展正面效应的分析研究。同时，相关研究在分析组织冲突对人才集聚效应的影响时，也并未区分组织冲突的类别，大多采用整体冲突的方式开展研究，这忽视了组织冲突影响的两面性和差异性。本研究在借鉴相关理论与方法的基础上，通过分析两种具体的冲突类型（任务冲突和关系冲突）对科研团队人才集聚效应的影响机理，明确了哪种冲突对人才集聚效应具有正效应，哪种冲突具有负效应；并对上述关系开展社会物理学的突变论、社会燃烧理论的定性与定量分析，然后在文献梳理和综述的基础上进行理论假设与概念模型构建，开展实证检验，并以此为基础，从可拓理论的视角提出调控组织冲突调控模型和方法，为有效治理冲突，激发任务冲突对人才集聚效应的积极作用，降低关系冲突的消极影响提供理论借鉴和方法探索。

二、实践背景

随着信息技术、互联网技术的发展，以及市场需求的不断变化，企业的生存和发展面临着严峻挑战和巨大压力。为了适应组织内外环境的变化，实现持续创新与获取竞争优势，组织结构发生了巨大变化，即组织的网络化、扁平化、灵活性和响应性日益成为组织形态的主要特征，从而科研团队逐渐成为组织创新的主要形式[1]。无论从原始创新、引进消化吸收再创新，还是集成创新，团队在创新中都扮演着重要的角色。比如，美国研制第一台电子计算机 ENIAC，开启了网络经济时代的先河，但计算机的研制成功得益于创新团队的组建，以及团队成员的合理组合所产生的人才系统效应[2]。比如，惠普公司利用高绩效组织的原则设计了一个事业单位，后来这个事业单位变成了该公司边际效益最大的一个事业群。比如，中国杂交水稻科研团队自 20 世纪 90 年代中期以来，科研上成功地实现了攻关"四连跳"，登上了世界杂交水稻史的高峰。比如，高校科研团队以国家或省部级等项目为依托，充分利用高校的人才优势、科研优势和学科优势，承担并实现着人才培养、知识创新、技术创新等重大责任。这些都说明，团队是高绩效组织的基石。若是没有团队，高绩效是达不到的。此外，团队高绩效的实现离不开团队人才的优化配置、适度的人才规模与和谐的人才环境，这些都是团队人才集聚效应产生与提升的基本条件。

团队高绩效离不开团队人才集聚效应的产生和发展，团队人才集聚是团队构建和运行过程中产生的集聚现象。它既可能在和谐的团队环境下产生经济性效应，也可能在不和谐的环境下产生非经济性效应。不和谐的环境包括人才流动机制不健全、人才规模失当、人才环境不和谐与组织冲突等方面。其中，组织冲突是影响人才集聚的重要变量。它往往由于文化差异、信息不对称、利益不均衡等原因而引发，对团队人才集聚效应造成双重影响。这也是产生人才集聚经济性效应和不经济性效应的重要原因之一。但是如果能够采取恰当的管理措施，调控组织冲突，并使之控制在一个适度的水平，则其对团队人才集聚可以产生积极的影响；反之，如果组织冲突不能够及时的管理和解决，如团队中无冲突或存在严重的冲突现象，都将会给组织带来不利影响，甚至导致人才集聚不经济性效应的出现。因此，研究科研团队人才集聚效应，探讨冲突及其对人才集聚效应的影响机理，进而提出调控冲突的方法，对于科研团队人才集聚效应的发挥，以及提升团队的创新绩效都具有一定的现实意义。

第二节 研究意义

一、理论意义

随着知识经济的到来，有关组织冲突和科研团队人才集聚效应的研究，已成为当前管理科学领域关注的热点，对于两者之间关系的相关研究也逐渐增多。但就研究现状看，针对具体冲突形式对人才集聚效应影响的成果较少，而且定性研究较多，缺乏模型支持。本研究以相关研究成果为基础，界定了科研团队及其科研团队人才集聚效应的概念，分析了其对人才集聚效应的影响机理，并在此基础上。构建了可拓模型与可拓策略方法，从而实现有效调控冲突，提升团队人才集聚效应。其理论意义主要体现在以下三个方面。

1. 提出科研团队人才集聚现象与人才集聚效应的概念

国外人才集聚理论最早可以追溯到人口迁移理论与工业区位论，以及近年来的人力资本集聚理论等。国内有关人才集聚的研究开始于 21 世纪初。尽管国内开展研究的时间较短，但已经形成了一批优秀的研究成果，包括若干国家及省级自然科学基金项目及其相关的科研论文。但纵观相关研究成果，人才集聚的多数研究侧重于从宏观（区域、国家）或中观（行业）的视角，而对于微观（企业、团队）的研究则较为缺乏。因此，对于微观层面的人才集聚研究具有重要的理论价值。本书研究组织冲突对科研团队人才集聚效应的影响及其冲突调控方法。因此，对科研团队人才集聚效应的概念进行清晰准确的界定，是本研究的重要前提和基本内容。

在借鉴人才集聚相关理论的基础上，参考牛冲槐等学者的研究成果，首先界定了科研团队人才集聚现象的概念与特征。然后，提出了科研团队人才集聚效应的概念与特征。团队人才管理是人力资源管理的经典范畴，团队人才集聚现象与效应概念的提出，为团队人才的流动、使用、效能与产出提供了有效的研究框架。这既为本文的研究奠定了概念基础，又为人才集聚的微观研究提供了一定的理论借鉴。

2. 系统研究组织冲突对科研团队人才集聚效应的影响机理

冲突管理作为人力资源管理的重要组成部分，长期以来受到国内外学者的普遍关注。尤其是冲突与组织绩效、冲突与创新、冲突与创造力、冲突与人才集聚效应等方面的研究，将冲突研究推向了新的高度。其中，冲突与人才集聚效应的关系，是当前人力资源与组织行为领域研究的重要问题。但是以往研究依然存在某些缺憾，需要进一步研究完善。比如，以组织的整体冲突形式探讨其对人才集聚效应的影响，虽然也认识到冲突的双重特性，但没有将冲突作进一步细分，区分为不同的冲突类型。由于冲突的具体类型不同，其所产生的作用也有很大的差别。比如，任务冲突与关系冲突对于创新而言起着相反的作用。此外，现有研究侧重于定性的理论分析，尚未从定量的角度开展实证研究或模型论证。这表明，在该领域还有许多未被深入研究的地方。因此，只有科学辩证地认识组织冲突，深入探讨组织冲突对人才集聚效应的作用机理，才能使科研团队更好地利用冲突以提高团队人才集聚效应。

那么，冲突是如何影响科研团队人才集聚效应的呢？又有哪些因素触发了冲突？自然科学的发展与应用为冲突对科研团队人才集聚效应影响机理的研究提供了理论基础。本研究主要采用社会物理学的社会燃烧理论和突变理论的尖点突变模型，从定量与定性的角度综合分析组织冲突对人才集聚效应的影响机理。其中，社会燃烧理论主要阐释系统的组织化与劣质化过程，借鉴该理论通过任务冲突与关系冲突的正向与负向交互作用机制，研究团队人才集聚的经济效应向不经济效应的发展演化，诠释组织冲突的内在作用机制；突变理论主要描述系统状态的突变，类似地，借鉴该理论从定性与定量的实证角度，探讨了人才集聚经济效应与不经济效应的转化机制，从中剖析出组织冲突对人才集聚效应的影响机理。社会燃烧理论和突变论的应用，从定量模型诠释到模型拟合更全面深入地研究了组织冲突对人才集聚效应的影响机理。这是对组织冲突与人才集聚效应关系的重要补充，同时也丰富了社会燃烧理论和突变理论的应用领域。

3. 构建冲突调控的可拓模型与可拓策略生成方法

长期以来，国内外管理学、组织行为学、社会学等方面的学者对于冲突管理进行了深入研究，并取得了非常丰富的成果。然而，现有研究主要侧重于从定性与实证的角度开展冲突管理的相关研究。比如，冲突管理的"一维模型""二维模型""三维模型""引入第三方"等。近年来，虽然也有学者引入和谐管理理论与博弈论来解决冲突问题，但是要么仅提供了一个研究框架，要么假设条件过多，研究结果并不一定适用于管理实践。本研究通过对相关文献的综合梳理，拟从可拓学的视角提出解决组织冲突管理的模型与方法。可拓学是专门用以解决事物矛盾问题的重要方法，组织冲突同矛盾在内涵和外延上具有一定的相似性和差异性，矛盾的解决和转化同组织冲突的解决与转化具有相似性。这为组织冲突的有效解决提供了思路和借鉴。同时，本研究也为组织冲突的有效管理提供了理论依据和参考。

二、实践意义

随着科研团队这种组织形式被越来越多的企业所采用，科研团队逐渐成为企业创新的主要形式，科研团队的构建和健康发展对于企业的生存和发展都具有重要意义。如何发挥科研团队的创新能力以充分实现团队的有效性至关重要。人才是企业发展最为宝贵的资源，科研团队是人才集聚的重要载体，科研团队人才集聚效应是实现团队或组织创新能力和核心竞争力的重要途径。组织冲突是影响科研团队人才集聚效应产生和提升的重要因素。如何认识冲突对人才集聚效应的作用机理，以及实现人才集聚冲突的有效调控，是当前科研团队创新要解决的重要课题。然而，就目前情况看，我国企业科研团队人才集聚效应并不理想，影响因素错综复杂。比如，人才规模不够、人才集聚过度、人才配置不合理、人才环境不优或组织冲突处理不当等。其中，组织冲突是较为突出的一个。冲突存在于企业团队的各个层面，具有客观存在性和主观知觉性。同时，它又具有作用影响的双重性。它既会对人才集聚效应产生建设性作用，同时也可能产生破坏性作用。因此，加强对人才集聚效应和组织冲突的认识，以及探讨组织冲突对人才集聚效应的作用机制研究，并有效调控冲突，对于提升科研团队的创新能力，促进团队创新绩效具有较高的实践价值。

1. 为组织冲突与科研团队人才集聚效应的关系研究提供分析框架

科研团队人才集聚效应是当前企业及其他组织形式创新发展的重要模式，是提升团队竞争力的重要方法。从人事管理到人力资源管理，人才在组织中的地位和作用日益凸显。人才对于组织的价值已被组织管理者和学术界普遍认可。尽管已有不少学者对人才集聚进行了较多的研究，也提出了诸多获取人才集聚效应的建议，但是多数学者还是忽视了组织冲突对组织人才集聚效应的内在影响。本书通过将组织冲突理论与科研团队人才集聚发展情况相结合进行研究，基于定性与定量相结合的研究方法，挖掘其对人才集聚效应的影响机理，以期对科研团队人才集聚效应的产生与提升提供一定的实践指导。

2. 探索通过冲突调控提升人才集聚效应的方法

党的十八届三中全会指出要"建立集聚人才体制机制"。这一方面强调了人才集聚的重要性，同时也表明了人才集聚环境对于人才集聚效应实现的重要意义。从微观意义上说，科研团队是组织创新的重要载体，科研团队的创新在一定程度上决定于团队人才集聚效应的实现和发展。尤其是在我国加入WTO之后，我国亟须迅速提升自主创新能力的压力逐渐增大。此外，伴随着经济新常态的出现，以及供给侧改革的迫切需要，促使我国经济社会必须转型发展，同时各类社会危机与冲突也影响着组织的创新与可持续发展进程。因此，对冲突调控的研究正成为提升团队人才集聚效应的重要路径。

在本书中所建立的模型、开发或改进的量表和揭示的关系，不仅在理论上有所创新，从而将有关理论研究（如科研团队人才集聚效应的概念、测量，组织冲突与科研团队人才集聚效应之间的关系等）向前推进了一步，不仅对于广大科研团队的管理者和学术研究者正确认识和测度科研团队人才集聚效应及其与组织冲突的关系，而且对于建立更为科学的组织冲突解决机制都具有重要的指导价值和参考依据。总之，本书的研究具有一定的学术意义，对于企业科研团队创新与有效性也有重要的应用价值。

第三节　研究目标和研究内容

一、研究目标

（1）补充完善科研团队人才集聚基本理论。基于人才集聚相关理论成果，根据科研团队的概念与特点，提出了科研团队人才集聚效应的概念与特征，并对科研团队人才集聚效应概念及其特征进行理论分析，为后续研究提供理论基础。

（2）采用社会物理学理论和突变理论，分析和检验组织冲突对科研团队人才集聚效应的影响，希望该研究有利于更深入地阐明组织冲突对科研团队人才集聚效应的重要作用，从定量的视角支持定性理论分析的结论。

（3）以企业、高校等科研团队为样本，实证分析和检验组织冲突是否对科研团队人才集聚效应具有显著的影响，同时考量社会资本三个维度对组织冲突与人才集聚效应关系的调节作用，以便更好地理解组织冲突对科研团队人才集聚效应的影响机理。

（4）采用可拓学理论解决科研团队组织冲突调控问题。基于组织冲突与科研团队人才集聚效应关系的实证研究结果，结合科研团队的创新特点及组织冲突的相关理论，构建组织冲突调控可拓模型。根据可拓理论，提出组织冲突调控的可拓策略生成方法，并从定量与定性视角对组织冲突调控模型及其方法进行探索性研究，在一定程度上丰富了组织冲突管理理论。

一、研究内容

基于相关文献，本研究主要包括以下三个方面的内容。

1. 科研团队人才集聚效应概念界定及组织冲突对人才集聚效应的影响机理

本研究所涉及的研究对象是企业、高校等组织的科研团队。构建科研团队人才集聚冲突调控模型，首先要把握人才集聚效应的内涵及特点。同其他团队相比，科研团队创新不但具有知识性强、技术密集、人才集聚等特点，而且在组织结构、信息共享、创新风险等方面也具有一定的特殊性。具体的研究内容包括科研团队人才集聚现象与人才集聚效应的内涵与特征。随后，本研究就组织冲突对人才集聚效应的影响机理展开研究，利用社会燃烧理论、突变论尖点模型来探讨组织冲突对人才集聚效应的影响机理，以及人才集聚经济性效应和非经济性效应的转化机制，为提出理论假设与构建实证分析的概念模型奠定理论基础。

2. 组织冲突对科研团队人才集聚效应影响的实证研究

组织冲突是组织行为学中的重要研究对象，具有客观存在性与作用机制的双重特征。以往的研究表明，冲突对科研团队人才集聚效应具有重要的影响，但此类文献仅限于定性的描述与理论探讨，尚缺乏冲突与人才集聚效应之间关系的实证研究。本研究借鉴 Jehn（1995 年）的研究，把冲突划分为任务冲突和关系冲突两类，分别分析任务冲突、关系冲突对科研团队人才集聚效应的影响机理。此外，基于社会资本在科研团队构建和运行中的实际影响，即社会资本的结构职能、认知职能和关系职能在团队创新中所发挥出来的重要作用，冲突对人才集聚效应的影响可能会受到社会资本的影响和制约。基于此，引入社会资本这一变量，作为冲突和人才集聚效应的调节变量，构建了冲突、社会资本和人才集聚效应的概念模型。本研究根据所收集的科研团队的样本数据，采用统计计量分析方法进行统计检验，实证考量冲突与人才集聚效应之间的关系，并分析社会资本在冲突与人才集聚效应之间关系的调节作用。

3. 组织冲突调控研究

组织冲突是人才集聚效应产生和发展过程中的客观现象，但组织冲突的原因是错综复杂的，冲突的影响也是兼具积极性和破坏性。如何对冲突进行正确的认知，区分哪些是积极的冲突，哪些是消极的冲突？这对于冲突管理非常重要。基于相关文献。本研究在探讨组织冲突对科研团队人才集聚效应影响机理的基础上，结合科研团队冲突的过程，采用可拓工程的理论方法，构建冲突的可拓模型，运用不相容问题求解方法把冲突问题转化为不冲突问题，生成冲突调控的可拓策略，达到调控冲突的目的。

第四节　研究方法和技术路线

一、研究方法

本研究的主要内容包括科研团队人才集聚效应概念的界定、科研团队人才集聚效应的特征维度、组织冲突对科研团队人才集聚效应的作用机理、组织冲突与科研团队人才集聚效应的实证研究，以及组织冲突的调控模型与方法等一系列问题，在选择研究方法时针对不同的问题选择合适的研究方法。本研究的主要研究方法如下。

1. 文献研究法

管理研究在一定程度上必须以前人的研究成果为基础，文献研究是进行科学研究的起点，通过梳理前人的研究成果及其观点，可较为准确地把握本领域研究的进展与动态。本研究内容涉及组织冲突、人才集聚与社会资本等方面的内容，采用文献研读法回顾以上三部分内容的研究脉络，归纳总结现有研究的不足之处，从中获取研究思路与启示，构建论文的研究框架，为进一步研究奠定理论基础。

2. 理论分析法

理论分析法是在感性认识的基础上，通过理性思维认识事物的本质及其规律的一种科学分析方法。本研究在人才集聚理论回顾的基础上，运用理论分析法阐述了科研团队人才集聚现象与集聚效应，从定性的角度探讨了冲突对人才集聚效应的影响机理。

3. 问卷调查法

问卷调查法是管理科学与社会科学领域应用最为普遍的研究方法之一。

它能够获取第一手数据资料，确保研究的真实性与有效性。运用问卷调查法对科研团队人才集聚效应、组织冲突和社会资本进行调研，获取实证分析的原始数据，用统计计量分析法对冲突、社会资本同人才集聚效应的关系进行实证研究，得出相应的研究结论。

4. 社会物理学与突变论方法

社会物理学是社会学与物理学的融合，它主要运用自然科学的理论和方法解决社会科学方面的问题。突变论旨在研究自然界和社会现象中的不连续现象。本研究利用社会燃烧理论构建人才集聚效应方程，分析冲突对人才集聚作用的机理，采用尖点突变模型分析冲突对于人才集聚效应转变的过程。

5. 实证研究法

对于组织冲突对科研团队人才集聚效应影响机理的验证问题，本研究运用了实证研究方法。首先，在对相关文献分析的基础上，提出了冲突对科研团队人才集聚效应影响的研究命题与概念模型；然后，采用问卷调研法获取相关数据，进而开展数据的描述统计分析与信度和效度的检验，从而验证研究命题和理论假设。本研究所采用的统计分析工具主要包括SPSS20.0与Amos20.0。

6. 可拓学方法

可拓学以形式化模型为基础，研究事物拓展的可能性，应用于解决矛盾问题。因此，可拓学方法是解决矛盾问题的重要研究方法。本研究借鉴可拓学解决矛盾问题的基本理论与方法，根据科研团队冲突与人才集聚效应的内涵，采用可拓工程方法构建冲突调控模型，生成冲突调控的策略。

二、技术路线

本研究的技术路线如图1.1所示。

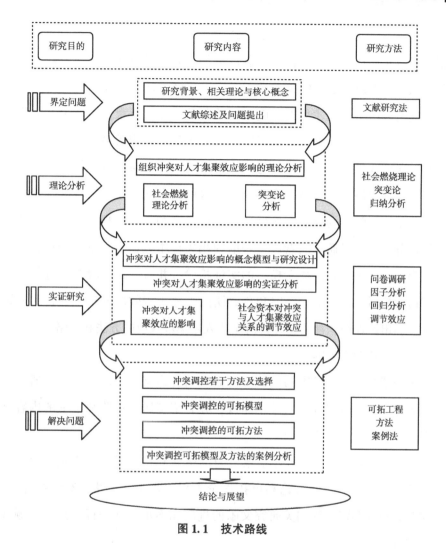

图 1.1 技术路线

第五节 研究思路与结构框架

本研究从相关理论和文献评阅入手，首先提出组织冲突与科研团队人才集聚效应的关系问题，并对组织冲突的调控策略与方法进行积极探讨。

其次，将本研究的主要内容层层分解、落实研究进度，保证按时完成，并根据篇章布局和相应研究任务，通过收集和研读已有相关文献，对组织冲突与人才集聚效应之间的关系进行探索性思考，从定量模型的视角解读组织冲突与科研团队人才集聚效应之间的关系，为后续章节两者关系的实证研究奠定基础。第三，基于组织冲突与人才集聚效应关系的定量分析，根据相关研究成果，对组织冲突与人才集聚效应的关系进行理论分析。以提出相应的理论假设构建概念模型，确定这些变量的测量方法。即确定变量的测量量表和问卷调查表，然后选择调查样本和数据处理方法，采用适当的统计分析方法对通过问卷调查获取的相关样本数据进行统计分析，以完成所提出的理论假设或概念模型的实证检验，并对假设检验结果进行分析和探讨。最后，基于组织冲突和科研团队人才集聚效应的理论分析和实证检验，提出调控组织冲突提升科研团队人才集聚效应的方法和策略。

本书包括七章内容。

第一章简要介绍了本书的研究背景和研究意义，确定了本书的研究目标、研究内容、研究方法与技术路线，并介绍了研究思路和本书的内容结构安排。

第二章对科研团队、人才集聚效应的概念和特征进行了界定，简要阐述了社会物理学、突变理论和可拓理论等相关理论和方法，对组织冲突、人才集聚和社会资本等相关研究文献的进展和不足之处进行了系统回顾和深入评析。

第三章阐述了人才集聚系统的组织化和劣质化概念及其形成机理，指出组织冲突是人才集聚组织化和劣质化过程中的关键影响要素，为组织冲突与科研团队人才集聚效应之间关系的定量模型建立和分析奠定理论基础。然后，从社会物理学视角，分别采用社会燃烧理论和突变理论诠释组织冲突对科研团队人才集聚效应的影响机理。

第四章基于相关文献成果，提出相应假设，构建了组织冲突、社会资本和科研团队人才集聚效应的理论模型，并从问卷设计、变量测量和样本收集和统计分析工具等方面进行了研究设计，为后文的实证检验提供了工具和模型。

第五章根据调研数据进行描述性统计分析，把握数据的基本特征，初步检验理论模型的有效性，对样本数据进行信度和效度分析，并在此基础上对理论模型进行验证分析和结果探讨。

第六章基于前文的理论分析和实证检验，拟选择可拓学方法作为组织冲突调控的主要方法，建立了组织冲突调控的可拓模型，提出了科研团队组织冲突调控的可拓策略生成方法。

第七章对本书的研究工作进行了总结，归纳了本书的主要研究结论，提出了相关的政策建议，提出了本书的创新之处和局限性，并对未来研究进行了展望。

第六节　本章小结

组织内外环境的变化促使团队成为组织创新的主要载体，团队人才在驱致性因素与引致性因素的作用下可能产生人才集聚现象。人才集聚现象可以产生两种效应，一种是经济性效应，另一种是不经济性效应。经济性效应是人才集聚的高级阶段，也称为人才集聚效应，科研团队人才集聚效应已逐渐成为组织创新的重要模式。尤其是处在中国经济转型时期，组织创新活力不够、创新能力不足，通过科研团队人才集聚效应实现组织创新已成为组织克服自身竞争优势不足的重要途径。但是，由于人才规模不足、人才流动不够、人才环境不优，以及组织冲突等因素人才集聚现象，也可能产生不经济性效应，出现人才集聚的劣质化。比如，在科研团队中存在的组织冲突，就是导致人才集聚劣质化的潜在变量。因此，如何认识组织冲突对科研团队人才集聚效应的影响，厘清哪些冲突形式是建设性的，而哪些冲突形式是破坏性的，需要辩证地分析组织对人才集聚效应的作用机理，并在此基础上，进一步论证冲突对人才集聚效应的影响方向与影响程度，以便有针对性地提出调控组织冲突的策略，实现科研团队人才集聚效应的产生与提升，促进科研团队创新能力的提升。

　　本章在简要阐述了本书的研究背景和研究意义之后，明确提出了本书的研究目标，确定了本书的具体研究内容及拟采用的主要研究方法、技术路线。最后，本章还介绍了本书的研究的思路和结构安排。

第二章　相关理论及研究综述

第一章从研究背景、意义出发，提出了本书研究的主要内容与基本框架，即对组织冲突对科研团队人才集聚效应的影响机理及其冲突调控方法进行研究，在这一研究主题下根据研究框架的初步设想。本章首先对所涉及的概念、理论及已有相关研究进行回顾，以形成本研究相关问题分析的文献基础，并对科研团队及科研团队人才集聚效应概念进行深入辨析；然后，对包括社会物理学理论、突变理论与可拓理论等进行简要概述；最后，对现有的相关文献研究成果进行阐释和评论，指出现有研究的不足及对本研究的启示，为后文的进一步研究奠定理论基础。

第一节　科研团队和人才的内涵界定

一、科研团队的内涵

团队（Team）概念提出于20世纪70年代，但团队的流行与普及则开始于20世纪90年代。比如，Hackman[3]认为，团队是由个体构成的有机集合，个体之间按照团队任务分工相互联系、彼此作用；团队是组织或社会系统的一部分，团队成员以任务为基础，在不断协作、互相影响的作用下形成一个系统整体，融入更大的社会系统之中。而Jessup[4]则强调了团队目标的重要性，指出团队必须以共同的目标引领团队成员的思想和行动，成员间需要彼此依赖、信守承诺共同实现团队目标。同样，Lewis[5]也认为团队必须有一个共同的目标，并且这个共同的目标需要得到团队成员的认同和分享。在此过程中，团队成员分享快乐、和睦相处，共同为实现团队目标而努力。更进一步，Quick[6]认为，团队最高、最优先的任务是完成团队的目标。为此，团队成员需要充分发挥自身的专业优势与核心能力，相互支持、彼此沟通、协同合作，在开放的环境中致力于实现团队目标。

在借鉴团队概念的基础上，Jesurey-rocha 等人[7]把科研团队界定为具有共同研究单位的人员群体或是两个及两个以上的人员，他们因科研兴趣相投及共享目标围绕共同或相近的研究主题（比如研究课题、项目等）开展研究，并按照科研目标合理分工、共享资源，通常以协作的方式共同进行研究，共同发表成果，并在经济上享有一定程度的决策权。国内学者方文东[8]认为，科研团队不同于一般工作团队，它属于一种较为特殊的工作群体。团队成员在共同愿景的鼓舞下，通过优势互补、共同努力能够形成显著的协同效果，从而发挥团队的有效性，实现团队整体绩效水平超过个体绩效总和的协同效应。陈春花[9]、吴杨等[10]人提出，科研团队的主要任务是对科学技术进行研究与开发，团队成员具有一定的知识异质性，即成员间技能具有互补性。同时，团队成员间也具有一定的同质性，即具有共同的科研目的和目标，并且互担责任、共享风险开展科学研究。贺志荣[11]从团队成员的特点和团队目标的角度认为，科研团队是一群具有一定自我管理能力的科研人员构成的任务组或科研工作小组。

综合以上观点，本研究认为，科研团队是指由来自不同的研究领域、具有不同的学科背景，在专业知识上能够优势互补、共享信息，在工作上相互沟通、彼此支持、协同合作，在管理上具有自我管理和充分授权；在规模结构上，数量适度、配置合理，为了相同的目标共同承担责任、共同分享权益的正式群体。科研工作以团队形式进行，在完成任务的过程中，团队成员能够彼此交流想法，从而使知识、信息等资源得到了充分的发散和共享，便于团队成员相互交流与合作，有利于激发创新思维，进而提升团队创新能力和创新绩效[12]。

Omta 等人[13]发现，科研团队具有较好的想象力和执行力，团队成员勤奋工作、共享目标，团队具有组织结构的扁平化、网络化和畅通的沟通渠道与合作平台等特征。李存金等人[14]指出，科研团队因团队成员专业的异质性存在技能互补效应，具有激发工作动力与乐趣的激励与约束机制。陈春华等人[9]认为，科研团队具有组织结构扁平化、学术影响力强、成员素质高、共同分担责任、共享权益的特点。蒋日富等[15]认为，科研团队具有以下特征：共同的承诺和目标，团队成员知识技能上存在互补关系，团队成员相互协作、相互影响、分工合作，能够产生协同效应。井润田等[16]认为，科研团队具有区别于一般科研群体、研发团队的一些差异性特点，如产出更具创新性和前瞻性，具有学术研究和人才培养的双重目的，成员关系平等，权威更注重专业影响力等。

综合相关文献，本研究认为，科研团队的本质特征包括以下五个方面：具有共同的愿景与目标；成员优势互补、知识共享、协同合作；成员相互尊重、相互信任；领导者应该具有变革型特质，保持团队和谐、充满活力；持续创新，尤其是产生重大科技成果。

二、人才的内涵

人才的概念不断发展深化，经历了以下四个发展阶段。

（1）1979—1982 年，萌芽阶段。在雷祯孝[17]的《应该建立一门"人才学"》一文中，他（1979 年）描述了人才的概念，认为"人才是改造社会，对人类进步作出了某种较大贡献的人。"他还强调了人才的创造性和贡献，但人才概念的外延过窄。王通讯（1982 年）认为，"人才是对社会发展和人类进步进行了创造性劳动的人。"王通讯对"人才"的定义被大多人所接受，强调了创造性劳动成果。

（2）1982—1990年，形成阶段。王通讯（1985年）在《人才学通论》[18]一书中进一步完善了有关"人才"的概念，认为"人才就是为社会发展和人类进步进行了创造性劳动，在某一领域、某一行业或某一工作上作出较大贡献的人。"同时，王通讯指出了人才的潜显之分、类别之分和层次之分，还指出了人才的动态概念。叶忠海（1983年）在《人才学概论》[19]中指出："人才是指那些在各类社会实践活动中，具有一定的专门知识，较高的技能和能力，能够以自己的创造性劳动，对认识、改造自然和社会，对人类进步做出了某种较大贡献的人。"这一阶段更强调了人才的创造性劳动与人才的贡献与一般人的区别，强调了人才活动的领域。

（3）1990—2003年，完善和丰富阶段。叶忠海[20]（1990年）在《普通人才学》一书中指出，"人才是指在一定的社会条件下，能以其创造性劳动，对社会或社会某方面的发展，作出某种较大贡献的人。"罗洪铁[21]在《人才学基础理论研究》中提出，"人才是指那些具有良好的素质，能够在一定条件下通过不断地取得创造性劳动成果，对人类社会的发展产生了较大影响的人。"

（4）2003年至今，深化阶段。在《中共中央国务院关于进一步加强人才工作的决定》中提出了科学的人才观，即"只要具有一定的知识和技能，能够进行创造性劳动，为推动社会主义物质文明和政治文明和精神文明，在建设中国特色社会主义伟大事业中作出积极贡献，都是党和国家需要的人才。"

综合所述，可归纳出"人才"的内涵。

（1）具有一定的知识和技能。在人才身上主要体现为学历、思想品性、智力资本、专有知识、特殊技能等方面。

（2）具有创造性和实践性。这主要是指在前人的基础上取得了创造性的劳动成果，这些成果既有物质的、也有精神的。人才要勇于实践，从实践中学习、思考，接受检验。

（3）能够作出较大贡献或产生较大影响。由于人才的创造性能力，决定了人才具有能够取得比一般人更大的成就和贡献，从而产生一定的社会影响。

第二节 科研团队人才集聚效应的内涵界定

一、科研团队人才集聚现象

1. 科研团队人才集聚现象的概念

经济要素及其相关活动在空间上并非均匀分布，总是呈现局部集中的特征。人才是一种特殊的经济要素，它在物理空间或者虚拟空间上的集中会导致人才在这两类空间中的密度高于其他空间，形成人才集聚现象。人才集聚现象是指在一定的时间内，伴随着人才流动，一定数量同类型或相关人才按照一定的联系，在某一地区（物理空间）或者某一行业（虚拟空间）所形成的聚类现象[22]。借鉴人才集聚现象的概念，结合科研团队的内涵，本研究认为，科研团队人才集聚现象是指在一定时空条件下，一定数量的相关人才以科研团队为聚集单元所形成的人才群体聚类现象。

2. 科研团队人才集聚现象的特征分析

（1）空间性。在人才集聚过程中，宏观上人才资源通过人才市场不断重新配置，或集聚于众多企业中，或游离于企业之外，或集聚于人才市场中等待重新配置，或集聚于专业性教育机构中学习培训，进行人力资本投资[22]。对于科研团队而言，是比企业、科研机构或高校更小的组织单元，是人才创新的重要集聚载体，人才通过市场机制进入企业、高校或科研机构后，需要根据人才的类型和特点对人才进行重新配置。所以，人才的配置过程需要以一定的时空条件作为基础。

（2）聚类性。人才集聚现象既有人才数量上的集中，也有人才汇集中的"聚类"[23]，包括一定数量人才类别的差异性，又包括同类人才之间的相似性，即表现为在某一团队或者某一虚拟团队中集中了大量同类型人才，人才集聚现象表现出人才按类集聚的特征。

（3）规模性。人才交易成本的降低导致人才在创新单元中的集聚，这种活动持续进行，并达到一定的规模后才会呈现出规模化特征。各种类别的人才集聚在科研团队中，人才总量不断增加，当达到一定临界点时，出现人才规模化特征[22,23]。其集聚的规模化由两个部分组成，其一是人才在一定时空集聚的数量规模化；其二是人才所拥有的人力资本所呈现出的规模化效应。

二、科研团队人才集聚效应

人才集聚现象是以人才流动和空间创新要素配置为基础的。类似于经济现象，人才集聚现象往往会产生两种不同的效应：其一是人才集聚的不经济性效应；其二是人才集聚的经济性效应[22]。

1. 人才集聚的不经济效应

人才集聚的不经济效应是指具有一定内在联系的人才，在一定空间内聚集过程中所产生的人才集聚作用低于各自独立作用的效应[22]。类似于其他经济现象，人才集聚现象是人才要素在流动过程中所引起的创新资源要素与生产要素的重构，是引致性因素和驱致性因素共同发挥作用的过程，重构是否达到帕累托最优状态受到多种因素的制约，最终结果可能会产生人才集聚的作用小于或等于不聚集的作用，从而导致人才集聚的不经济性。

案例 2.1：老鼠偷油的故事。

三只老鼠结伴去偷油，可是油缸较深，油在缸底，它们只能闻到油香味，却喝不到油，三只老鼠都很焦急。于是，一只老鼠提议：三只老鼠一只咬着另一只的尾巴，吊下缸底去喝油。它们取得共识，决定轮流喝油。一只老鼠最先吊下去喝油，它在缸底想："油这么少，轮流喝多不过瘾啊，我第一个下来，不如自己先喝个痛快。"在中间的老鼠也在想："下面的油没多少，万一让第一只老鼠把油喝光了，自己岂不是要喝西北风吗？我看还是把它松开，干脆自己跳下去喝个痛快！"最上面的老鼠也在想："油就那么一点，等他们两个吃饱喝足了，哪还有我的份呀?!"于是，它们都争先恐后地跳到缸底，结果这三只老鼠就再也没有跳出油缸来。

这个故事告诉我们一个道理，成员之间的利益冲突很可能扼杀团队的协同创新效应。这是因为利益冲突是科研团队不可避免的组织现象，它既表现在组织层面的利益上，同时更反映了个体利益的分配公正性，比如科研资源的配置、课题的申报问题、科研成果的署名、经济利益等。正是由于利益分配的不公平、不公正导致了冲突的发生。它不仅浪费了组织和个人的有限资源，而且也会造成人才间人际关系紧张，信任度降低，致使协同困难，合作成本升高，从而难以实现人才集聚的协同创新效应。

案例 2.2：湖人明星队之败。

2004 年 6 月，拥有豪华阵容的湖人队与名不见经传的活塞队在决赛中相遇。赛前，很多人以为活塞队必败无疑。因为从队员的构成看，湖人队是一个由众多包括科比、奥尼尔、佩顿等篮球巨星组成的超级明星队，每一个位置上都配置了几乎最优秀的球员；此外，该球队的教练菲尔杰克逊也极具传奇色彩。相比之下，活塞队则是一个没有明星、缺乏大牌教练的平民球队。然而，最终比赛结果却出人意料，湖人队竟以 1∶4 败北。

湖人队的失利给我们一个重要启示，即简单地把人才聚集在一起，人才之间缺乏联系与合作，就很难形成 1+1>2 的综合效应。对于科研团队而言，协调联系和团队氛围对于其人才集聚效应的实现至关重要，不同的团队成员通常具有不同的知识和技能，并按照任务分工与合作原则实现协同合作；同时，在成员合作过程中，创新氛围也起着重要的作用，比如优秀的团队协作文化、有效的激励机制和组织支持等。但是，如果一个科研团队成员间因协同文化和协同机制的缺失，就很有可能协同合作不足，而因此产生个人英雄主义，从而导致各自为政、一盘散沙，不能形成合力，难以产生科研团队人才集聚效应。

从以上两个案例可知，造成人才集聚不经济性主要包括以下三个方面的因素。

（1）人才集聚缺乏有效的联系机制。人才集聚仅表现在人才数量的上升和人才规模的扩张，但并未能形成规模效应。规模是事物发展到某种程度产生质变的临界点。根据经济理论可知，规模是规模经济的前提；类似的，人才规模也是人才集聚效应的前提。单个人才工作在一个团队内，不存在联系与合作，也不会出现人才集聚的聚合效应。聚合效应的实现是以适当的人才规模为基础的，若没有适度的人才规模，就不可能产生规模效应。因此，适度规模是人才集聚效应的必要条件而非充要条件。即具有适度的规模不一定必然形成规模效应，出现规模效应的前提是集聚的人才间必须存在有效的内在联系（分工与协作）[24]，缺乏有效内在联系的人才集聚本质上会导致人才群体一盘散沙，难以形成规模效应，也就更不会产生人才集聚经济性效应。

（2）不和谐的集聚环境。人才集聚效应受到组织内外环境的影响和制约，人才集聚效应的实现必须是在和谐的内、外部环境条件下产生的，如果没有和谐的内、外环境条件，人才聚集势必出现不经济性。人才集聚环境包括宏观与微观环境，以微观的人才工作环境为例。一个人才如果不能很好地实现人岗匹配，就可能出现人才的用非所学现象，导致人才浪费，更难以实现人才与组织的匹配和融合，人才的效能就不能充分发挥，更谈不上协同合作，从而会出现人才集聚的不经济效应[25]。

（3）组织冲突处置不当。人才在集聚过程中不可避免地存在着各种各样的冲突，这些冲突既有积极的作用，同时也伴随着消极的影响。如果不能有效地化解或治理冲突，就会削弱冲突的积极作用，增大冲突的破坏性影响，从而可能导致人才集聚的不经济效应。

2. 科研团队人才集聚经济效应概念的与特征

（1）人才集聚效应的概念。为了研究方便，本研究只将人才集聚经济性效应作为人才集聚效应，而将不经济效应归为人才集聚现象之中。人才集聚的经济性效应是指具有一定内在联系的人才，在一定的区域内以类聚集，在和谐的内外部环境作用下，发挥超过各自独立的作用，产生加总效应[22]。

案例 2.3：人才集聚效应，"两弹一星"成功的关键。

1961年，毛泽东同志针对原子弹研制计划批示："要大力协同，做好这个工作。"在原子弹研制过程中，聂荣臻元帅亲自挂帅，组织包括中国科学院、国防科研机构、工业部门、高等院校和地方科研力量等五个方面军的力量，广大科研工作者、生产者、军人互相协作、团结一致、大力协同，终于攻克了研制原子弹的重重难关，最终取得了"两弹一星"研制的伟大胜利。这说明人才集聚效应的实现首先需要"官、产、学、研"等各方面人才的以类聚集，表现为人才集聚现象。其次，随着人才集聚数量出现规模化特征，在一定的和谐环境作用下（领导者支持及领导魅力风格的鼓舞、各类人才知识互补、协同合作等），人才集聚现象转变为人才集聚效应。

案例 2.4：硅谷人才集聚效应。

硅谷地处美国加州北部旧金山湾以南，包括圣塔克拉拉山谷、圣马刁县、阿拉米达县的一部分。由于硅谷的地理位置优越、文化别具特色、科研氛围浓厚、高科技产业发达等多方面的原因，硅谷因此成为了美国高层次创新人才的首选聚集地，这里集中了包括美国在内的世界大多数国家的科技人才已达数百万人之多；其中，美国科学院院士就达到上千人规模，诺贝尔奖获得者30多人。在优越的内、外条件驱动下，硅谷在人才聚集的同时，也伴随着产业的聚集。比如，硅谷也已成为美国重要的电子工业基地[26]，实现了人才集聚与产业集聚的良性循环，以不到美国1%的人口，创造了美国5%的GDP。这说明人才集聚效应的形成不仅需要各类、各层次人才的集聚，进而呈现出人才的规模化特征，同时也需要一定的人才环境因素的支撑。

由以上两个案例可知，人才集聚效应可以理解为人才集聚现象从量变到质变的不断交互演化的过程。因此，人才集聚可以划分为两个阶段，即初级阶段和高级阶段。其中，初级阶段以量变为主，表现为人才集聚现象，而高级阶段以集聚效应出现为标志[22]，表现为人才集聚效应或经济性效应。与人才集聚现象相比，人才集聚效应是在人才规模适当、配置合理、环境和谐等众多因素影响下实现的，包括人才集聚的规模效应、信息共享效应、知识溢出效应、创新效应等多个方面。人才集聚效应将带动知识创新与技术创新，最终促进生产力的发展。

（2）科研团队人才集聚效应概念及其特征。借鉴牛冲槐教授关于人才集聚效应的研究成果，同时结合科研团队的内涵及特征，本研究认为科研团队人才集聚效应是指具有一定内在联系的人才，在一定的团队空间内以类集聚，在和谐的内外环境条件下，在彼此沟通、协作、共享和共生中产生了分工协作关系，降低了知识交易成本，实现了知识获取、吸收、整合、创新与应用，从而产生了系统协同创新效应。一般的人才集聚效应具有信息共享效应、知识溢出效应、创新效应、集体学习效应、激励效应、时间效应、区域效应与规模效应八个特征[26]。考虑到一般人才集聚效应的研究主要侧重于宏观的区域或产业空间，比如区域效应和规模效应。此外，激励效应主要考虑了外因（激励机制）对人才集聚创新的影响，时间效应则考察知识、技术的时效性。本研究认为，这两类效应本质上不属于人才集聚效应的核心要素。同时，对于微观的科研团队而言，既需要遵循一般人才集聚效应的性质，同时也应体现科研团队的创新性、知识共享性、学习性与知识溢出性等特点。因此，本研究认为，科研团队人才集聚效应具有以下特征。

第一，信息共享效应。人才集聚在一个团队单元，产生了空间位置的集中性、临近性、连接性与开放性，克服了时间及空间障碍，使经济要素和资源要素可以实现迅速的低成本配置，从而提高了配置效率，致使团队搜索信息成本降低，使得信息发送者可能以极低的成本传递信息或共享信息，实现信息资源、知识资源效益的最大化，从而形成信息共享效应[24]。同时，信息具有降低或消除不确定性的功能，信息资源共享减少了信息不对称与机会主义行为，提升了创新成功的概率。此外，科研团队已经成为组织创新的主要形式，人才之间经过长期的合作博弈，建立了较高的互信度和协作友情，促进了知识交流、扩散与分享，尤其是隐性知识的挖掘与学习，进而增强了信息共享效应。

第二，知识溢出效应。知识属于公共产品或准公共产品，知识溢出效应决定于知识的外部性特征。知识溢出是指知识尤其是隐性知识在团队内部或团队之间的扩散、传递、转移和整合。知识所具有的无限性、递增性、流动性特征与人才知识的有限性、时效性、学习性特征相结合，致使知识溢出无疑成为知识创新的重要路径。同时，由于大部分知识是隐性的、难以传递的，即知识具有隐性特征[25]。因此，人才通过集聚在一定空间，以物理的直接接触或虚拟的"面对面"交流，尤其是人才之间的非正式交流，能够有效克服正式渠道的时滞性不足，实现思想、方法、经验、知识与技术的不断沟通、交流与碰撞，达到彼此学习、相互感知的目的，从而实现知识的整合与重构，使得隐性知识显性化并产生"溢出"，产生"知识溢出效应"[27]。

第三，集体学习效应。集体学习效应可以被界定为信息处理能力和认知能力，包括创新性、问题解决能力、合作能力和信息吸收能力等[28]。集体学习效应是知识溢出效应的联动效应。人才之间凭借地理接近性与相似的知识结构，便捷了沟通与交流，为了获得更多的隐性知识，人们更愿意创造一种集体学习的氛围，彼此间能够得到更多的学习和成长机会，并以此来获得更大程度的开放和交互力度，通过"百花齐放、百家争鸣"式的集思广益、博采众长，实现思想、建议、观点、构想的自由迸发，从而提升学习能力、反思能力和解决问题的能力。

第四，创新效应。创新效应与知识溢出效应密切相关。知识溢出是隐性知识的外部化和交流，而显性知识可以通过非面对面的过程共享、学习与应用，对这些知识进行创新成本高、难度大。而隐性知识则具有稀缺性特征，再加上人才掌握隐性知识的差异性，会产生各种各样的创新表现，形成创新效应[22,24]。此外，随着创新的复杂性与不确定性增强，创新已从线性模式向非线性、网络化等复合模式转变，单个人才难以在创新链上提高创新的成功率，而团队集群内成员通过相互学习、相互合作，打破了僵化的思维模式，通过交互式学习形成了一种新的不断创新的路径，从而降低了创新风险，提升了创新效应。

第三节　相关理论及方法

一、社会物理学理论

1. 社会物理学简介

第二次世界大战以来，社会物理学的思维方式、基本定理与基本方法被逐渐用于解决社会现实问题以及经济管理问题。中国在改革开放后，在协调理论、可持续发展理论、社会预警理论与区域开发理论、创新理论等诸多理论和实践发展中，应用社会物理学的思想、原理和方法，有效地在自然科学与社会科学的融合中[29]，探索出了解决经济社会问题新的路径选择。

社会物理学是指应用自然科学的思路、概念、原理和方法，经过有效拓展、合理融汇和理性修正，用来揭示、模拟、移植、解释和寻求社会行为规律和经济运行规律的充分交叉性学科[30]。

法国社会学家奥古斯特·孔德最早使用"社会物理学"这一术语，建立了研究社会科学的设想，之后社会物理学获得了较大发展，并取得了一系列理论成果[30]。

20世纪40年代，薛定谔出版了《生命是什么》[31]的一书，把熵与生命现象联系起来，引发了热烈讨论，开辟了社会物理学的先河。1947年，哈佛大学物理学教授基夫在其著作《人类最小努力原则》中提出了从自然科学的角度认识人类社会的基础原则和核心要点，从而初步奠定了社会物理学的学术地位。其后，经过几十年发展，社会物理学获得了较为丰富的研究成果，如西门的《国家生存理论》[32]、威尔森的《城市最大熵理论》[33]、阿伯勒的《空间搜寻和决策理论》[34]、哈根斯特朗的《信息传导理论》[35]和由牛文元撰写的《社会燃烧理论》[30]等专著的出版，并且这些理论在多个领域已获得了广泛的应用。

社会物理学的实质建立在以下逻辑基础上：① 承认无论自然系统还是人文系统，都无一例外地随时随处都呈现出"差异"的绝对性；② 只要存在各种"差异"或"差异集合"，必然产生广义的"梯度"；③ 只要存在广义的"梯度"，必然产生广义的"力"；④ 只要存在广义的"力"，就必然产生广义的"流"；⑤ 社会物理学着重探索广义"流"的存在形式、演化方向、行进速率、表现强度、相互关系、响应程度、反馈特征及其敏感性、稳定性，从而刻画"自然—社会—经济"复杂巨系统的时空行为和运行轨迹，寻求其内在机制和调控要点，在信息技术的支持下，有效地服务于政治、经济、社会等重大问题的决策与管理[30]。

2. 社会物理学的应用领域

目前，社会物理学主要应用于四个领域，包括社会安全、社会计算、社会空间与社会舆论等。① 社会安全。马永欢等[36]借鉴社会物理学中的社会燃烧理论，从粮食生产能力、流通秩序、需求水平与保障能力四个方面构建了粮食安全预警指标体系，建立了粮食安全度预警模型，对我国省域的粮食安全状态进行了评价和分析。宁淼等[37]采用拉格朗日原则描述个体行为与社会整体状态之间的关系，基于势能机制和动能机制提出了和谐社会机理模型，指出和谐社会的建构可以描述不断重复的从失稳到稳定、从稳定到有序、从有序到和谐的过程。② 社会计算。王飞跃[38]以哲学和社会物理学为基础，研究了社会计算的范式转变，指出社会计算存在两个思想流派，一是以信息技术为中心，认为社会计算是社会软件；二是以社会科学为中心，与新兴网络科学密切相关。认为新范式包括人工社会建模、计算实验分析与平行执行控制和管理三个阶段。③ 社会空间。Ball[39]研究城市空间的自组织问题，指出理解城市自组织过程和产生的结果，考虑能否以及如何对这一过程进行控制和引导具有重要意义。该问题涉及了城市形态、行人利用开放和密闭空间的方式，以及拥挤的城市交通等方面。李倩倩[40]以我国 50 个城市为样本，以城市空间形状的紧凑度和城市位置的几何集中性为依据，对我国的城市空间进行了分析。计算结果表明，西部城市比东部城市紧凑，内陆城市比沿海城市紧凑；不到 1/3 的城市属于极度居中或基本居中，其他的属于偏离型和极度偏离型。④ 社会舆论。近年来，舆论动力学的研究逐渐成为国内外社会物理学研究的热点问题。刘怡君[41]以社会物理学为基础，从社会燃烧理论、社会激波理论和社会行为熵理论出发，探索研究了社会舆论的形成机理和本质，仿真了社会舆论演化的过程和规律。Stauffer[42]利用 Bonabeau 模型描述层级性问题,并借鉴 Sznajd 模型动态模拟了群体意见共识的形成过程。Galam[43]学者针对一个法国式的骗局——"9·11"事件没有发生的谣言,根据少数舆论传播模型给出了科学的定量解释。

二、突变理论

1. 突变理论的形成

在自然界和社会活动中,存在着突变和跳跃现象,如水的沸腾、桥梁的坍塌、地震的发生、生物的变异、情绪的突变、战争的爆发、经济危机的产生等。传统理论很难对此作出有效的解释,而突变理论在此背景下应运而生,突变理论是研究自然界和人类社会中连续的渐变如何引起突变或飞跃,并力求采用统一的数学模型描述、预测并控制这些突变或飞跃的一门新兴学科[44]。突变理论主要运用拓扑学、奇点理论和结构稳定性等数学方法研究自然界各种形态、结构不连续和突然质变的问题,逐步形成了研究不连续现象,特别适用于描述作用力或动力的渐变导致状态突变现象的突变理论。突变理论最早可以追溯到 Morse 引理,之后,Whitney 提出的"生物学中的拓扑模型"以及《稳定性结构与形态发生学》构成了突变论研究的理论基础。其中,20 世纪 70 年代,法国数学家托姆(Thom)出版的《结构稳定性和形态发生学》一书,明确论述了突变理论,成为突变理论的标志性著作[45]。托姆(Thom)[46]对突变论的开创性发展受到了学术界的极大关注,大量学者围绕突变论进行了理论与应用研究,其中较为典型的有 Zeeman 与 Amold 等人,前者发表了"突变理论"[47],丰富了突变论的理论基础,后者则进一步完善了突变理论,并将突变理论从理论研究拓展到了应用研究。

2. 突变理论的应用

自突变论创立以来，已引起了多个学科的关注和研究，不仅有物理、化学、光学、工程技术等硬科学领域，也有社会、医学、生态等软科学领域，并已取得了较为丰硕的成果。其中，硬科学应用领域[48]如表2.1所示。

表2.1 突变理论在硬学科中的应用

学科	应用成果
物理学	研究了相变、分岔、混沌与突变的关系，提出了动态系统、非线性力学系统的突变模型，解释了物理过程的可重复性是结构稳定性的表现
化学	用蝴蝶突变描述氢氧化物的水溶液，用尖顶突变描述水的液、气、固的变化等
工程学	研究了弹性结构的稳定性，通过桥梁过载导致毁坏的实际过程，提出最优结构设计
动力学	应用于飞机控制上，解决机翼摇晃预测与抑制问题
光学	运用突变理论求解焦散面，找到了自然界中可能出现的全部焦散面
交通运输	应用突变理论能很好回答车流量、路面车辆占有率与车辆运行速度三者之间的关系

软科学应用领域[42]如表2.2所示。

表2.2 突变理论在软学科中的应用

学科	应用成果
社会学	对于社会学中某系统是否具有突跳、滞后、双模态、不可达性等部分或全部特征，可以应用突变理论，选择合适的状态变量和控制变量，试图使用一个突变模型定性或定量解释系统的演变。比如约定、决策、妥协等。此外，有学者把突变论应用于研究股票市场的崩溃、局部战争或冲突的突发；用战争代价与威胁的变化解释国家在战争与和平之间的抉择；用于研究人脑模型、大都市模型的城市发展模式等
生态学	研究了物群的消长与生灭过程，提出了根治蝗虫的模型与方法等

学科	应用成果
医学	应用于人工心脏应激控制中；采用尖点突变模型解释中医的阴阳理论，说明了中医反对用猛药"驱邪拨正"，而要用缓药"扶正祛邪"，其目的是为了防止意外突变

三、可拓理论

1. 可拓理论的形成

可拓学是由我国学者蔡文教授于 1983 年提出的一门原创性横断学科，它以形式化的模型，探讨事物拓展的可能性，以及开拓创新的规律与方法，并用于解决矛盾问题[49]。随着可拓学理论的不断发展和完善，一批学者投入到可拓学的理论与应用研究之中，全国可拓学学者成立了中国人工智能学会可拓工程专业委员会，由科学出版社陆续出版了《可拓学》丛书。可拓学的影响从空间上已由大陆延伸到中国香港、中国台湾、日本、英国、美国等国家和地区，从学科应用上已发展到多个领域的应用研究，如可拓设计、可拓信息、可拓控制、可拓检测等。随着可拓学的不断发展，可拓学在经济社会发展中发挥着日益重要的作用。

经过数十载不断努力和探索，可拓学已基本形成了较为完善的理论体系，初步形成了其核心理论框架，即基元理论、可拓集理论与可拓逻辑[49]。① 建立了基元理论。建立了物元、事元与关系元（统称基元）等作为可拓学的逻辑细胞，基元概念把事物的质与量、动作和关系融合于一个三元组中，形式化描述物、事与关系；研究了拓展分析理论、共轭分析理论与可拓变换理论。② 建立了可拓集与关联函数。康托集和模糊集主要用于表达性质固定的事物，但是对于性质变化的事物则无能为力。为此，构成了可拓集提出的理论背景，可拓集融入了矛盾转化与变换的思想，以基元为基础把量与质综合考虑，为解决矛盾问题提供了集合论基础。同时，为了定量描述事物性质的变化，研究量变与质变的转化，可拓学提出了关联函数的概念及其计算公式，通过关联函数值描述事物具有某种性质的程度[50]。③ 建立了可拓逻辑。形式逻辑不考虑事物的内涵与外延，无法表达变换以及变换引起的其他物、事、关系的传导变换等。辩证逻辑虽然研究了事物的发展变化，分析了量变和质变、事物的内涵与外延，但由于其不能进行计算和计算机操作，其应用具有很大的局限性。而可拓逻辑综合了形式化逻辑和辩证逻辑研究事物的优点和长处，形成了以解决矛盾问题的变换和推理为核心的可拓逻辑[44]。

2. 可拓理论的应用研究领域

自可拓理论创立以来，与若干领域交叉融合，产生了可拓工程。这些领域包括信息科学、工程科学、管理科学以及其他学科等。① 信息科学领域。可拓学以基元表示信息，构建了信息与知识的形式化模型，借助于可拓变换与可拓推理的原理和方法，从而产生解决矛盾问题的策略[49]。广东工业大学和国防科技大学等高校的可拓学研究者探讨了"信息—知识—策略的形式化体系"的可拓模型和生成策略的变换，研究了可拓策略生成方法与挖掘变换的可拓数据挖掘方法的基本概念与思想。目前，国内许多大学的可拓学研究者正在积极研究可拓方法的计算实现技术，以实现可拓策略生成的智能化和可视化。② 工程科学领域。控制与检测领域也存在许多矛盾问题，比如控制中准确性、稳定性等[49]。此外，机器在运行过程中出现各种各样的问题，能否设计安装处理矛盾问题的智能处理系统，也是一个重要的课题。为了解决控制系统的不可控与需要控制之间的矛盾，华东理工大学王行愚[51]教授首先提出了可拓控制的概念与架构。此后，台湾和大陆学者不断探索可拓控制应用问题。如曾韬[52]根据工程研究及发明创新过程中存在的矛盾问题，借鉴可拓学理论提出了矛盾描述与分析方法，给出了矛盾度及其函数，以及转化函数等概念化形式，并建立了工程矛盾模型。浙江工业大学的赵燕伟[53]教授对产品配置设计领域进行了深入研究，建立了概念设计模型与初步的应用方法。哈尔滨工业大学王科奇、邹广天[54]将可拓学、建筑学与计算机科学结合在一起进行交叉研究，提出可拓建筑设计创新和创新元的概念。③ 管理科学领域。可拓理论在管理科学领域的应用，初步形成了管理科学理论与方法，主要包括可拓营销、可拓决策、可拓策划等。自21世纪初以来，广东工业大学、浙江大学、南京财经大学等承担了多项关于管理可拓方面的国家自然科学基金项目，研究了管理科学中解决矛盾问题的方法，发表与出版了一系列包括可拓营销、可拓设计、可拓决策、关键策略等初步理论成果，探讨了管理科学可拓工程的基本概念与思想。

第四节　相关研究综述

一、组织冲突的相关研究

1. 组织冲突概念和分类

在冲突研究中，不同学科和研究领域对于冲突具有不同的见解和认知，对于冲突概念的诠释和表述存在着一定的差异。如表2.3所示，列举了若干学科对于组织冲突的理解和界定。

表2.3　几种典型的组织冲突概念

研究视角	定　义	研究学者
哲学	冲突是本来和谐状态的一种破坏和否定	黑格尔[55]

续表

研究视角	定　义	研究学者
社会学	冲突是相对方向、强度相等的两种以上力量同时作用在同一时点上的情景而言的	Lewin[56]
	冲突是为了价值和对一定地位、权利、资源的争夺，以及对立双方使对手受损或被消灭的斗争	Coser[57]
	冲突是两个以上的互不两立的动机、目标、态度或反应倾向同时出现的状态	Brown[58]
管理学	冲突是两个或两个以上的相互作用的主体彼此之间在某种程度上存在不相容的行为或目标	Tedeschi[59]
	冲突是一个过程，在这个过程中，一方感知自己的利益受到另一方的反对或者消极影响	Wall 等[60]
心理学	人类各种冲突都是以人为主体的，人们对满足各种需要的追求策动着人类的每一种行动，它是产生冲突现象的一个基本原因	王晓明等[61]
	冲突是在任何一个社会环境或过程中两个以上的统一体被至少一种形式的敌对心理关系或敌对互动所连结的现象	Fink[62]

可见，不同学科对冲突的界定不尽相同，有的侧重于冲突的过程，有的强调原因，还有的注重冲突的结果。因此，对于冲突概念的界定各有特色，但都缺乏系统性、全面性和辨证性。本研究通过对冲突文献的梳理，认为冲突的内涵应包括：① 冲突是双方或多方之间彼此联系的不相容或对立的状态。表现为不同主体之间行为对立或心理对抗的状态。② 冲突主体与冲突客体的多元性。主体既可以是个人，也可以是团队、组织、甚至社会或者国家、地区等，本研究中冲突主体主要是团队及其成员个人。而客体则包括利益、资源、任务、目标、愿景、文化、信息、权利的诸多方面。③冲突是一个动态过程。它不是突然就出现的状态，其中蕴含着某些冲突前置因素的发酵、转化、行为和结果。正如庞迪对冲突的划分：冲突包括五个阶段，即潜在的冲突、知觉的冲突、感觉的冲突、显现的冲突和冲突

的结果。④ 冲突的各方既存在对立关系，又存在合作关系。冲突是对立与合作的辩证统一的状态。

随着冲突概念的研究和界定，学者们对冲突的结构也进行了相当多的探索，出现了多种冲突类型。传统的管理科学理论认为，冲突是有害的，管理者必须对冲突进行打压，抑制冲突的发生。这一时期冲突的结构是一维的，即认为冲突具有破坏性。随着管理理论的发展和进步，学者们对于冲突的认知发生了较大变化。学者们在研究中普遍采用两分法，即在组织冲突类型模型中，通常将组织冲突划分为认知（任务）冲突和情绪（关系）冲突两个维度。这种冲突维度的认知在相关研究领域，尤其是组织或团队冲突类型相关的实证研究中得到了广泛应用。具体请见表 2.4 所示。

表 2.4　几种典型的组织冲突分类

类型	内容	研究学者
实质冲突和情感冲突	实质冲突由不同看法引起；情感冲突由情感上的对立引起	Guetzkow, Gyr[63]
任务冲突和情绪冲突	情绪冲突是指向于人的冲突，由个性差异、人际关系方面的不协调、工作中的误解以及挫折等引起。任务冲突是指群体成员对任务的目标、决策或解决方案等有不同的观点、构想、判断而产生的冲突	Coser[57]
认知冲突和社会冲突	认知冲突是指基于组织任务的，社会冲突是指关于人际情感的，并指出两种冲突具有一定的联系，即社会冲突会影响认知冲突	Priem, Price[64]
情感冲突和认知冲突	前者来源于情绪的波动，主要源于个人特性的不协调造成的，属于伤害性冲突的范畴。认知冲突基于任务上或工作上由观点差异所产生的分歧，往往是一种有益的冲突	Amason, Schweiger[65]

类型	内容	研究学者
任务冲突和关系冲突	任务冲突是指组织成员知觉到彼此间关于工作或项目的目标、进程和具体实施方案上的观点、想法、意见不同所产生的冲突。而关系冲突是指个人知觉到人际不和谐所产生的情感上的紧张、敌意、愤怒等特征	Jehn[66]
关系冲突、任务冲突和过程冲突	任务冲突与关系冲突的概念同上；过程冲突是指可以界定为团队成员对于团队任务实现过程和途径的认知差异所造成的冲突	Jehn[67][68]

综合以上文献，组织冲突总体上归为两维或三维结构。其中，在两维模型中，实质冲突、认知冲突与任务冲突涵义相近，均由任务、工作等不同意见引起；情感、情绪、社会冲突与关系冲突涵义接近，都是基于人际关系不和谐而引起。因此，在两维模型中，尽管表述方式有所差异，但是其冲突分类方式在本质上具有一致性。冲突结构的三维模型是在两维基础上，把任务冲突进一步细分为任务冲突和过程冲突，过程冲突被界定为组织成员对如何完成任务，在方法、程序上不一致而导致的冲突。尽管冲突的三维度划分模型对于冲突的内涵和效应可以更为清晰的界定，并且也得到了一些实证研究的佐证[67,68]，但是由于过程冲突仅是任务冲突的延伸和细化，在管理实践中很难进行区分和量化。因此，三维度模型在组织冲突理论分析与实证研究中应用较少。在研究冲突问题时，许多学者较多沿用了 Jehn[66] 提出的组织冲突两维度模型，依据"是否与任务相关"将组织冲突划分为关系冲突和任务冲突。针对这种冲突分类，Jehn 设计开发了包括任务冲突与关系冲突的冲突量表，该量表得到了国内外学者的普遍认同和接受，被应用于组织冲突的测量，成为组织冲突成熟可靠的量表。因此，本研究将采用 Jehn[66] 提出的两维度冲突类型模型，即包括任务冲突和关系冲突。同时后续章节的理论分析与实证研究部分对于组织冲突两维度模型

的讨论与检验也基于同样的称谓。

2. 组织冲突的过程

行为学家 Pondy[69] 提出了组织冲突过程的五个阶段模型。即潜在冲突期、知觉冲突期、感受冲突期、显现冲突期和结果冲突期。如图 2.1 所示。

后来，Thomas[70] 提出了两种类型的冲突模型：一是动态过程模型；二是结构模型。并且把冲突的过程划分为四个阶段：挫折期、认知期、行为期和结果期。如图 2.2 所示。从该模型可知，在某一个冲突事件中，行为影响认知，认知又进一步引致行为，同时冲突的结果又会对后续事件产生影响。因此，需要制定和实施有效的冲突调控机制，避免冲突的恶性循环。

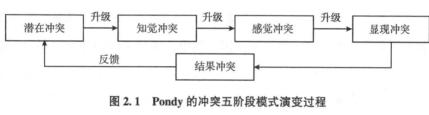

图 2.1　Pondy 的冲突五阶段模式演变过程

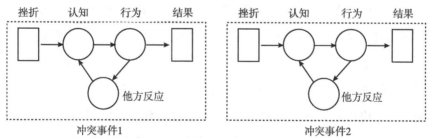

图 2.2　Thomas 冲突事件的过程模型

在前人研究的基础上，Robbins[71] 把冲突过程划分为更为详细、具体的五个阶段，即潜在的对立、认知与个性化、冲突的意向、冲突的行为和冲突的结果。他提出了沟通、结构和个人特质三个冲突根源要素，并把冲突的处理策略，以及冲突的双重效应融入了冲突的过程模型。如图 2.3 所示。

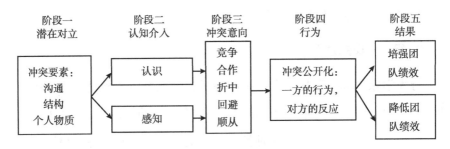

图 2.3　Robbins 冲突过程的五阶段模型

3. 组织冲突影响因素

随着对冲突问题研究的不断深入，学者们对其影响因素进行了深入探讨。比如，Kriedler[72]把冲突的原因归为三类，分别是价值观念或信念的差异、个体需求得不到满足、资源的竞争等。Robbins[73]认为，沟通、结构和个性差异是影响组织冲突的主要动因。其中，沟通引起的冲突主要由信息传递不畅，信息不对称及信息失真所造成的潜在冲突，结构冲突主要是由结构不匹配、成员目标不相容等引起的冲突，个性差异主要是指个体的特质，以及性格、爱好、观念和信仰等。Wall 等[60]研究指出，冲突动因包括个人因素和个人之间的因素。其中，前者包括人的个性、价值观、压力、情绪等，后者包括认知、结构、沟通、行为以及交互行为等。全力，顾新[74]在研究知识链组织之间的冲突时，提出了冲突的三维动因模型，即包含利益、结构和知识三个因素。于柏青[75]在研究公共组织冲突的成因时，以组织行为学为基础，从个体、群体、组织和外部环境四个维度提出了影响组织冲突的因素。其中，个体层面包括利益分配、职务晋升、人际沟通和自我冲突，群体层面包括群体核心人的导向、群体间的竞争、管辖边界不清和群体成员的异质性，组织层面的因素有领导者品格、权力结构、制度设计和非正式组织政治化。外部环境层面包括产生冲突的条件、形成冲突的氛围和传统文化的影响等。

综上可知，冲突的原因较为复杂，目前尚没有一个统一的标准。但有一点是可以肯定的，冲突是多种因素共同作用的结果。基于以上文献，本研究把冲突的成因归为四类，分别是个体差异、沟通、结构和利益分配。

4. 组织冲突与组织绩效的关系

组织冲突与组织绩效的关系是不断发展的，即从传统观点到人际关系观点，再到相互作用的辩证对待观点。

首先，传统观点认为，冲突具有破坏性，是暴力的、非理性的，应该避免或化解。冲突的负面影响主要包括组织成员个体和群体两个方面。对于个体而言，冲突会导致个体间和谐关系的破坏、误解，带来不和谐的人际关系，降低员工的满意度、忠诚感和使命感，出现消极怠工、旷工和离职现象，导致工作效能不断下降[76]。对于群体而言，冲突能够降低信任感、认同感和团队凝聚力，产生团队合作困难，从而降低团队绩效，阻碍团队目标的实现[77]。

其次，人际关系观点认为，冲突是组织运作过程中的自然现象，是不可避免的，应该接受冲突，而不是压制冲突。人际关系观点体现了冲突的客观性，是对传统观点的超越。

第三，相互作用观点认为，冲突不仅具有客观存在性与必然性。更进一步的，更多的学者认为一定程度的冲突有利于加强沟通，增加活力，质疑组织中存在的问题，并不断反思工作，增强创新能力和适应能力，进而提高组织绩效。比如，Coser[57]在《社会冲突的功能》一书中首先讨论了冲突的积极作用。之后更多的学者开始探讨冲突的积极效应。Deutsch[78]也认为冲突并非都是破坏性的，也有正面功能。Mitroff等人[79]通过实证研究发现建设性冲突是有价值的。Brown[80]通过实证检验，认为适度的冲突水平能够显著增强组织绩效，而非适度的组织冲突水平则会降低组织绩效。我国学者邱益中[81]对国内的企业进行了实证调研，研究了国内企业冲突水平与企业绩效的关系，结果表明冲突水平与组织绩效呈"倒 U 型"关系，参见

图 2.4 及表 2.5。DeDreu[82] 认为，冲突可以使组织在完成任务时富有成果且更加灵活，培养组织中适量的不同意见可以使组织更具效率和创新性。Kostopoulos[83] 认为，任务冲突（建设性冲突）有助于团队的探索性学习，并对组织绩效具有积极的影响。于柏青[84] 界定了公共组织冲突管理效应的内涵、划分了其类型，创建了公共组织冲突管理效应计量模型和冲突管理成本效益模型。因此，随着组织冲突理论的发展，学者们对于冲突的认识逐渐从一维观念发展到二维观念，这为冲突的管理提供了启示和借鉴，使得组织可以充分利用冲突的正面效应，提高组织活力，降低其负面作用，避免组织混乱与不和谐。

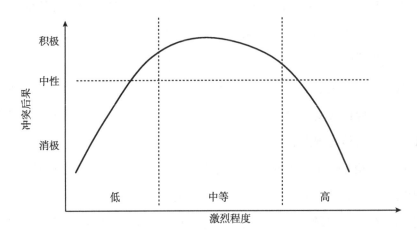

图 2.4　冲突后果与冲突激烈程度之间的关系

表 2.5　组织冲突水平与绩效的关系

冲突水平	冲突类型	组织特性	组织绩效
低或无冲突	恶性	冷漠、停滞不前、无改变	低绩效
适当	良性	自我发展、自我批评、变革创新	高绩效
高	恶性	分裂、敌对、混乱	低绩效

二、人才集聚的相关研究

对人才集聚理论的研究最早可追溯到德国人韦伯于 1909 年提出的集聚经济理论。但是到目前为止，国外对人才集聚理论的研究尚缺乏系统性，主要散见于经济增长理论[87]、集聚经济[88]、创新经济学[89]、推拉理论[90]、人力资本理论[91]之中。一是新经济地理学。新经济地理学主要是通过离心力和聚集力的互动实验，来模拟聚集经济的形成过程，解释了受这两种力量影响的经济地理分布和这两种力背后厂商的微观决定。1991 年，克鲁格曼（Krugman，1979 年）在"中心外围理论"中，通过中心外围模型揭示了行业地理集中形成的重要特征、工业区位迁移与劳动力转移规模扩大规律，从离心与向心侧面揭示出人才聚集与产业聚集的相生相伴关系；二是新经济增长理论。在新经济增长理论的代表人物罗默（Romer，1985 年）的模型中，强调从事科学技术人员的数量与质量是经济持续增长的动力源泉，人才聚集是聚集经济的前提。美国学者埃弗雷特·M. 罗杰斯和朱迪思·K. 拉森，运用定性分析的方法对美国"硅谷"的起步和成长过程进行了系统的考察，揭示了硅谷形成"凝聚经济效应"的条件；三是新马歇尔理论。该理论从专业技术人才聚集所产生的技术外溢角度来研究聚集经济，认为行业地理集中能促进知识外溢，推动节约成本的新技术的发展与应用；四是创新经济学。该理论观点从知识传播和学习的特征角度，通过研究明示知识和默示知识的储存、复制、传播、传输成本等方面的区别来研究人才聚集与"知识溢出效应"，说明"知识溢出效应"必须建立在人才聚集基础之上；五是人口迁移理论。以列文斯坦（E. G. Ravenstein）、唐纳德·博格（Donald J. Bogue）等为代表的"推—拉理论模型"，研究了人口流动、人才流动与人才聚集关系；六是社会学、社会心理学、组织行为学等理论。一些社会学、管理学的学者和管理实践者从社会学、社会心理学的角度思考和研究组织管理问题，其中涉及人力资源的行为、动因、凝聚力、组织冲突和调动人力资源积极性的问题。David 一生致力于研究各种影响因素对群体绩效的影响，他和他的同事建立了 SDS（Social Decision Scheme）模型，并运用该模型研究了任务特性、群体规模、个体差异以及程序等因素对群体绩效的影响。Guthrie 和 Hollenbe 研究了群体激励与群体绩效的关系。Klein 和 Mulvey 认为，群体目标与群体绩效具有强相关关系，社会感知变量影响群体目标的确定过程，进而在一定程度上影响群体的绩效。

国内学者近十余年来对人才集聚进行了富有成效的研究，取得了较为丰硕的研究成果，初步形成了人才集聚的理论体系，进一步完善和丰富了人才学理论。

1. 人才集聚的内涵

人才集聚概念的形成是一个不断演变和发展的过程。党的十六大报告指出，要"形成促进科技创新和创业的资本运作和人才汇集机制"。这里提出的"人才汇集"是人才集聚概念的前身，对后续人才工作和人才研究都起到了很大的引导作用。蔡永莲[90]在《实施优秀人才集聚战略》一文中首次提出了"人才集聚"这一术语，他认为人才集聚是把知识经济所需的优秀人才相对集中，发挥人才集合的效应。这是对人才集聚概念的初步阐释。随后，王奋[91]、朱杏珍[92]、张同全[93]等从区域人才流动的视角提出，人才集聚是人才流动的产物，指出了人才集聚对于人才的空间（区域、企业）转换功能。比如朱杏珍认为："人才集聚是人才流动过程中的一种特殊行为，它是指人才由于受某种因素影响，从各个不同的区域（或企业）流向某一特定区域（或企业）的过程。"张体勤等[94]从知识型组织的角度提出了人才集聚的概念，即人才集聚是一定数量的人才资源以组织为单元的汇集、协作、竞争、创新的过程。以上概念从宏观区域视角反映了人才集聚与人才流动的关系，即人才流动是人才集聚的基础，从微观组织的角度，也体现了人才不仅有流动、相互作用，也有创新效应。也有一些学者从人力资本的角度诠释人才集聚的概念，比如喻汇[95]认为人才集聚不是单一要素影响的结果，而是经济、政治、科技、文化等多要素综合作用的产物，并进一步指出这种集聚建立在人力资本的基础上，大量人才在产业或区域空间实现聚集。赵娓[96]将人才集聚视为人才个体与群体互动沟通的过程，人与人之间的相互依赖和关联有助于人力资本的发挥，实现知识、信息与技术的交流传播，从而现实 1+1>2 的效应。

2. 人才集聚效应及其维度

牛冲槐[22,25]发展和丰富了人才集聚的内涵与外延，进一步提出了人才集聚现象与人才集聚效应的概念，并指出人才集聚现象是人才集聚的初级阶段，人才集聚效应是人才集聚的高级阶段。人才聚集现象是指在一定的时间内，随着人才的流动，大量同类型或相关人才按照一定的联系，在某一地区（物理空间）或者某一行业（虚拟空间）所形成的聚类现象。人才聚集的经济性效应是指具有一定内在联系的人才，在一定的区域内以类聚集，在和谐的内外部环境作用下，发挥超过各自独立的作用，产生加总效应。并提出了人才集聚效应具有八个特征（维度），即信息共享效应、知识溢出效应、创新效应、集体学习效应、激励效应、时间效应、区域效应与规模效应等。罗永泰[97]从人力资本的角度界定了人才集聚效应的概念，认为人才集聚效应是指一群独立自主又彼此联系的成员集合在一起，利用各自的人力资本要素，促进信息与知识的流动和新思想、新技术的创造，发挥出整体系统大于部分之和的效应。他还提出了人才集聚效应的四个基本特征（维度），即竞争与合作效应、学习与创新效应、品牌与名人效应和马太效应。李明英等[98]研究了我国中部地区人才集聚效应，指出我国中部地区人才集聚效应具有信息分享效应、集体学习效应、知识叠加效应、持续激励效应、区域空间效应与集成规模效应。以上学者分别从区域（行业）、人力资本、特定区域、宏微观的视角提出了人才集聚效应的维度特征。本研究拟借鉴牛冲槐学者的研究成果，在后续研究中根据科研团队的内涵及其特征，提出科研团队人才集聚效应的内涵及其特征，从而为本研究提供理论依据。

3. 人才集聚效应与组织冲突

随着人才集聚理论的提出与应用，同时借鉴组织冲突与创新关系的研究成果[99,100]，国内学者开始对组织冲突与人才集聚的关系进行了初步探索，并取得了一些研究成果。如牛冲槐、张敏、郭丽芳等[101-104]首先在论述人才集聚相关理论的基础上，研究指出人才集聚包括两种效应，一是经济性效应，二是非经济性效应。其次，分析组织冲突的成因，分别从自我冲突、人际冲突、权力冲突和利益冲突等视角探讨了组织冲突对人才集聚效应的影响，并从个性特征冲突、沟通冲突、结构冲突、利益冲突与竞争环境冲突等方面提出了削减冲突的化解和削减对策。张樨樨[105]以高校组织为研究载体，根据组织冲突的定义，提出了人才集聚冲突的概念，指出人才集聚冲突是指聚集过程中的人才为争夺稀缺资源而导致的对立心理或对立行为。他认为特性差异化、目标不一致、利益分配不均衡、权利争夺与沟通障碍是产生人才集聚冲突的基本动因，并从尊重、疏导、轮换、运用平衡战略，以及融入冲突管理的安全阀思想等方面提出了削减冲突的策略。

4. 人才集聚的其他相关研究

自人才集聚及其效应的概念被提出以来，学者们围绕人才集聚主题进行了卓有成效的研究，形成了一系列较为丰富的研究成果，除了以上人才集聚内涵、效应及其与组织冲突的相关研究外，人才集聚的其他相关研究成果主要涵盖人才集聚动因、人才集聚环境、人才集聚模式、人才集聚评价、人才集聚仿真和《中国人才集聚报告（2014）》等诸多方面。具体请见表 2.6 所示。

表 2.6　国内人才集聚其他研究现状

分类	研究内容	学者
动因研究	宏观、中观和微观因素	王奋[85,106]
	利益因素、精神因素和环境因素	朱杏珍[107]
	引致性动因和驱致性动因	牛冲槐[108]
环境研究	社会环境优化、人才激励制度、吸引国际人才与实施人才回流相结合	孙健等[109]
	制度环境、经济环境、社会环境、科技环境、文化环境、组织环境	牛冲槐[110]
	城市经济结构、自然与社会生活环境、制度环境	徐茜等[111]
模式研究	市场主导型人才集聚模式、政府扶持型人才集聚模式	孙健等[112]
	市场主导型、政府指导与资源引导相结合型、政府重点辅导型三种	张樨樨[113]
评价研究	采用层次分析法、专家打分法评价了人才集聚效应，结果发现，创新效应是人才集聚效应的首要效应	牛冲槐[22]
	建立了科技人力资源区域集聚指数的知识生产模型，评估了区域人才集聚效应	王奋等[114]
	构建了制造业人才集聚效应评价指标体系，运用主成分分析法对长三角、珠三角和胶东半岛三大制造业基地人才集聚效应进行了评价比较	张同全[93]
	分别从创新网络、基于相对偏差模糊矩阵法的视角对山西省人才集聚效应进行了评价研究	芮雪琴、宋磊等[115,116]
仿真研究	从角色的微观角度探讨了虚拟人才的构成及其虚拟人才集聚效应的实现	张敏等[117]
	分别从产业环境、知识转移的视角对人才集聚进行了系统仿真	李乃文[118]、卫洁[119]

分类	研究内容	学者
中国人才集聚报告	构建了中国人才集聚度的评价指标体系和评价模型，对我国 31 个省、市和 32 个城市的人才集聚度分别进行了评价和比较，提出了实现人才集聚的十大战略选择	中国人才科学研究院

三、社会资本的相关研究

1. 社会资本的内涵

随着学者们对于资本的研究逐渐地从物质资本与人力资本扩展到了社会资本，社会资本的作用日益受到许多学者的关注和研究。但学者们对社会资本的概念仍存在较多争论，比如存在宏观、中观与微观三个研究层面，具有内部、外部与整体等三个研究视角等。但综合现有研究，社会资本具有资源观、能力观、资源要素观、特征观与社会网络观等多种观点[120]。

资源观的代表人物皮埃尔·布迪厄[121]认为，社会资本是一种通过体制化关系网络的持久占有而获取的实际的或潜在资源的集合；詹姆斯·科尔曼[122]认为社会资本是个人拥有的，表现为社会结构资源的资本财产。能力观[123,124]则认为，社会资本是人们在一个组织中为了共同的目的去合作的能力，是个人通过其社会网络和更为广泛的社会结构中的成员身份而获得调动稀缺资源的能力。资源要素观[125,126]指出，社会资本是由构成社会结构的要素组成，主要存在于人际关系的社会结构中，并为结构内部个人行动提供便利，其主要表现形式有义务和期望、信息网络、规范和社会组织等。特征观[127]提出社会资本是一种组织的特征，如信任、规范和网络等，社会资本通过促进协调与合作来提高社会效率。社会资本表示一个组织网络、共同准则与信任所具有的那些能够降低协调与合作成本、增加集体生产能力的特征。在社会网络观方面，张方华[128]指出，社会资本是基于人与人、企业与企业之间的信任和合作基础上所建立的各种社会关系网络的总和，是提高资源配置效率的一种重要的组织形式[120]。

尽管学者们从资源、网络、能力观等角度对社会资本进行了界定，但总起来可以归为"资源""能力"两大类。比如网络和规范本质上是一种资源，能力则表现为资源的获取利用过程。按照资本论的观点，资本的价值在于增值，所以社会资本是活的资源，即社会资本是动用了的、用以实现增值目的的"资源"，也就是说社会资本作为一种新的资本形式，具有资本的生产性特征，通过投资社会资本，组织可获取信息、信任等多样化收益。而"能力"是用来揭示实现价值增值的行动过程。因此，本研究倾向于认同"资源论"观点。

2. 社会资本的研究维度

由于社会资本的复杂性和不确定性，学者们从不同的研究维度对社会资本进行了研究，主要归纳为三个方面：一是个人层面社会资本的研究；二是从组织与外部主体间的关系角度研究社会资本；三是从社会资本的特征角度进行研究。

在个体层面，Coleman[129]研究认为，个人社会资本需要从社会团体、社会网络和网络摄取三个维度衡量，指出个人参加的社会团体数量越多、个人的社会网络规模越大、社会异质性越高、个人网络摄取资源能力越强，个人的社会资本就越多。张其仔[130]把企业社会资本划分为三个类型，分别是工人之间的社会资本、工人与管理者之间的社会资本和管理者之间的社会资本。边燕杰等[131]根据企业在经济领域的关系把社会资本归纳为三类：纵向联系、横向联系和社会联系，并通过企业法人代表在纵向、横向与社会联系三个方面的表现衡量个人的社会资本水平。

从组织与外部主体间的关系角度，Cooke等[132]在研究社会资本对企业绩效的影响机理时，把社会资本分为正式和非正式社会资本。张方华[128]把社会资本总结为纵向、横向与社会关系三个方面。其中，纵向主要指企业同供应商及客户的联系；横向主要指与同类企业之间的联系；社会关系是指企业与高校、科研单位、政府、中介组织等外部主体之间的关系。还有学者指出，社会资本包括内部社会资本和外部社会资本[125]，比如内部社会资本包括互动强度、网络密度、同事信任、主管信任、共同语言和共同愿景等六个方面[133]，外部社会资本包括内外互动强度、外部网络密度、内外信任程度和内外共同语言等四个方面[134]。

从社会资本的特征角度，Gabbay 和 Zuekerman[135] 把社会资本分为关系和结构两个维度。Yli-Rekn 等[136]认为，社会资本包括企业间社会交互作用水平、以信任和互惠衡量的关系质量、通过关系建立的网络联系水平。Landry[137]提出社会资本由结构维和认知维构成。其中，结构型社会资本包括商业网络资产、研究网络资产、关系资产、信息网络资产和参与网络资产，认知维度主要由信任表征。Nahapiet、Tasi 等[126,138]提出了社会资本的三维度观点，包括结构、关系和认知。其中，结构主要指网络联系、配置模式以及专门组织等；关系由信任、规范、认可、义务、期望等属性构成；认知维度可理解为共同语言、编码、共享愿景等。本研究借鉴 Nahapiet 的研究成果，在后续实证研究中以结构资本、关系资本和认知资本表征社会资本的三个方面。

3. 社会资本的相关研究

本研究的理论模型中考虑了社会资本的调节作用。为此，对社会资本与组织冲突、社会资本与组织创新等相关研究进行了总结。

（1）社会资本与组织冲突。国内外学者对社会资本与组织冲突关系的研究取得了一些成果，但研究文献并不多。国外学者主要关注社会资本同社区冲突与跨职能组织冲突关系方面。比如，Allen[139]采用案例研究方法分析了社区冲突条件下社区社会资本的建立和发展，研究表明社会资本不仅能够提升社区管理资源的能力，而且还建立了一种社会资本解决社区冲突的机制。Clercq[140]等以加拿大公司为样本，研究了社会资本在冲突与创新之间关系的调节效应。研究结论揭示社会互动越高，任务冲突与创新之间的积极关系也越强，关系冲突与创新之间的消极关系就越弱；进一步研究发现，高信任度弱化了任务冲突与创新之间的积极关系，并弱化了关系冲突与创新之间的消极关系。

国内学者主要围绕高管团队社会资本、医患纠纷及冲突策略与创新的关系等主题展开研究。如陈璐等[141]以高管团队为研究对象，提出了团队内部社会资本、团队冲突与决策效果关系的理论框架，提出了若干命题，如高管团队内部社会资本与认知冲突正相关，与情绪冲突负相关，认知冲突与决策效果正相关，情绪冲突与决策效果负相关等。吴梦云[142]进一步界定了高管团队冲突及其管理机制的内涵，从社会资本视角探讨了家族企业高管团队冲突管理机制。其研究指出，外部社会资本在获取行政资源、非正式信息与互动交流及合作方面都具有重要作用，并从内部社会资本的三个维度即结构资本、关系资本与认知资本等方面提出了冲突管理机制。胡洪彬[143]则强调了社会资本在化解医患冲突中的重要性，指出社会资本对化解医患冲突具有重要价值，缺失社会资本是导致医患冲突产生的内在根源，提升社会资本存量是化解医患冲突的必然选择。孙平[144]探讨了社会资本对"冲突管理—创新绩效"的调节关系，实证结果显示，社会交往不具有调节作用，信任弱化了合作性处理方式对建设性冲突的正向影响，同时也弱化了竞争性冲突对破坏性冲突的正向影响。

（2）社会资本与组织创新。社会资本与组织创新的关系研究表明，二者之间的关系并未有一个统一的结论。目前，学术界存在着三种观点，一是社会资本与企业创新呈正相关关系[145,146]；二是社会资本与创新存在负相关关系[147]；三是认为二者关系并不显著[148]。但大多数研究表明，组织通过外部社会资本能够获取包括知识在内的各种资源，通过内部社会资本促进了知识扩散、共享、整合与应用，从而提升了组织的创新能力和创新绩效。

Gabbay 等[135]对世界 500 强企业中参与研发工作的科学家和研发人员流动性期望进行了研究，发现对于基础性研究而言，拥有较少社会资本的科学家更有可能获得成功；对于应用性研究而言，研发人员彼此间的交流、讨论、合作具有重要价值，具有更多社会资本的研发人员更容易取得成功。结论表明，社会资本的作用因研究工作的性质而表现出明显的差异性。Tsai 等[138]以 15 家大型电子企业为研究样本，基于企业产品创新的特点和过程，分析了社会资本在企业产品创新中的重要性。实证研究表明，企业社会资本与产品创新呈正相关，即社会资本能够获取市场、技术信息，促进交流、沟通，从而提高产品创新的速度和创新效益。

Yli-Renko 等[136]通过对英国 180 家高技术企业进行调研，实证研究结果发现，社会资本大大提升了企业与外部关键客户的知识转移速度与质量，并由此促进了企业产品开发能力的增强与创新绩效的提升。Maskell[149]研究认为，社会资本对技术创新具有重要影响，社会资本能够有效降低企业内部及企业间的交易成本，促进企业合作，进而提高创新效率。Subramaniam 等[140]考察了 93 个组织的社会资本、人力资本与组织资本对企业创新的影响机理，结果发现三类资本及其相互作用对企业创新存在显著的正向作用。其中，社会资本显著增强了企业的利用式创新与突破式创新。

国内学者在社会资本与创新关系的研究方面取得了一些重要成果。其中，大多数研究表明社会资本与创新存在着直接或间接的正相关关系。比如，唐朝永等[150]构建了社会资本、失败学习与创新绩效的理论模型，从失败学习的视角研究了社会资本对创新的影响。结果表明，社会资本对企业创新具有显著的正向作用，失败学习在社会资本与创新绩效之间起部分中介作用。谢洪明等[151]以我国珠江三角洲地区企业为调查对象，从社会资本的视角研究了网络强度对企业创新的影响。结果表明，社会资本促进了管理创新，并在网络强度与管理创新之间起着中介作用。曾萍等[152]以部分广东企业为实证调研对象，以动态能力为中介变量，建立了社会资本与企业创新之间关系的分析框架。研究结果发现，社会资本不直接影响企业创新，但通过动态能力间接促进企业创新；社会资本不同维度通过动态能力间接影响企业创新的程度存在差异，业务社会资本对企业创新的间接影响最高，技术社会资本对创新的间接影响程度最低。朱慧等[153]通过元分析方法，对近年来社会资本与组织创新关系的相关研究成果作了进一步的检验分析。结果发现，社会资本与组织创新存在着显著的正相关关系，并进一步研究了社会资本各维度特征对组织创新的影响，发现社会资本三维度对组织创新具有积极作用。但也有学者指出，社会资本与创新之间并不是简单的正相关关系，可能存在着非线性演化关系。比如，张钰等[154]以206家企业为样本，研究了企业间社会资本与利用式创新和探索式创新的关系。实证研究表明，结构资本对两种创新具有正向影响，关系资本与两类创新呈现倒 U 型关系，认知资本有助于利用式创新，对探索式创新呈"倒 U 型"关系。

第五节　文献评述

综上所述，上述有关组织冲突、人才集聚与社会资本等诸多研究文献，都取得了较为丰硕的研究成果，已经得出了许多非常有价值的结论或观点，为本书进一步的研究提供了理论基础，开阔了视野。但从整体来看，现有研究尚有以下问题值得进一步探讨。

1. 组织冲突对人才集聚效应影响机理的理论分析

在笔者所涉及的文献中，一些学者主要从定性的视角探讨组织冲突对人才集聚效应的影响，而且没有对组织冲突进行具体的分类。在探讨组织冲突的影响时，尽管提到了冲突的潜在生产力作用，但更多的是强调了冲突的消极影响，而对于冲突的积极作用没有进行更具体深入的分析。此外，组织冲突对人才集聚效应影响机理的分析也缺乏数学模型的定量支撑，更多的是定性的理论分析与探讨。因此，本研究拟从不同类型冲突形式对人才集聚效应的影响分析入手，采用社会燃烧理论与突变理论诠释不同类型冲突对人才集聚效应的影响机理。

2. 组织冲突对人才集聚效应影响机理的实证研究

综合以上文献可知，国内外学者大多从理论分析与实证检验的角度探讨了组织冲突或某一具体类型组织冲突和组织绩效、创造性及组织创新的关系，或者社会资本和组织冲突与创新的关系，尚未发现有相关的实证文献研究组织冲突与人才集聚效应的影响关系。这既为本研究提供了借鉴与启示，也提供了进一步研究的空间。因此，借鉴人才集聚效应的内涵及其与创新的关系，并在参考相关文献的基础上，从社会资本视角构建组织冲突对科研团队人才集聚效应的影响机理模型，并进行实证研究。能够进一步丰富组织冲突与人才集聚效应关系的研究。

3. 人才集聚冲突调控研究

现有的研究成果关于冲突的调控或管理策略基本上沿袭了冲突管理的基本思路，即有的学者采用冲突处理的二维模型，有的学者对该模型进行修改调整，从而确定了冲突管理的五种基本策略：竞争、迁就、回避、合作和妥协。还有一些学者采用引入"第三方"的方法处理冲突问题。随着和谐管理理论的不断完善，和谐管理理论也给出了冲突管理的基本思路和调控框架。以上是目前解决冲突问题的比较典型的处理策略。当然，也有学者从博弈论的视角研究冲突调控的问题。但综合而言，定性的研究较多，静态的研究较多，概念模型较多。因此，以上这些方面也成为了本研究进一步研究的切入点和方向。

总之，本研究借鉴前人研究的成果，拟在组织冲突理论、人才集聚理论与社会资本理论分析的基础上，从理论和实证的视角研究任务冲突和关系冲突对人才集聚效应的影响。即运用社会燃烧理论和尖点突变模型等相关理论，建立人才集聚效应方程，分析冲突条件下人才集聚经济性效应和非经济性效应的转化；通过问卷调查获得实证数据，利用相应的计量和统计工具检验冲突对人才集聚效应的影响，并分析社会资本的调节作用；通过借鉴可拓科学的理论与方法提出冲突调控的模型与方法，为人才集聚效应的产生与提升提供冲突调控的可拓机制。

第六节　本章小结

本章界定了科研团队及其人才集聚效应的概念，简要概述了包括社会物理学、突变论与可拓学等相关理论，并对组织冲突、人才集聚与社会资本等理论进行了梳理和总结，认为目前相关研究存在进一步研究的空间：一是，人才集聚的研究主要定位于宏观的区域或产业层面，而对于微观的企业或团队层面的文献并不多见；二是，组织冲突与组织绩效以及组织创新的相关研究已有较多文献，但对于组织冲突与人才集聚效应的关系研究，还较为少见，而且少量文献主要采用定性的研究方法，缺乏定性与定量相结合的方法；三是，社会资本在组织冲突与人才集聚效应之间关系的作用研究尚没有相关的文献；四是，组织冲突的调控研究尚处于理论探讨与概念模型阶段，缺乏数学模型的支撑。基于此，为系统理解科研团队人才集聚效应的内涵，把握组织冲突对人才集聚效应的影响机理及其调控方法，本研究拟按照"基础理论—影响机理—实证分析—调控方法"的研究思路，采用理论分析与实证分析相结合的方法进行研究。

第三章 组织冲突对科研团队人才集聚效应影响机理

组织冲突与科研团队人才集聚效应的关系是组织创新管理实践中备受关注的领域。组织冲突按照任务取向和情感取向可分为任务冲突和关系冲突，科研团队人才集聚效应在一定程度上决定于任务冲突与关系冲突的组合变化。但现有多数研究尚局限于"黑箱研究"阶段，遵循简单的"输入—输出"关系模型，不能有效地阐释组织冲突对科研团队人才集聚效应的影响机理。随着自然科学的发展和应用，自然科学的诸多理论开始应用于社会科学领域。其中，社会物理学的熵理论、社会燃烧理论与突变理论旨在诠释事物的劣质化发展演化和突变过程。类似地，在组织冲突变动条件下，人才集聚会产生经济效应与非经济效应的转化与突变。基于此，本章首先采用熵理论剖析人才集聚系统劣质化的机理，为组织冲突与科研团队人才集聚效应关系探讨奠定理论基础。其次，本章将从定量与定性视角，采用社会物理学和突变理论着重探讨组织冲突对人才集聚效应的影响机理。该研究从不同的理论视角将更全面地剖析组织冲突对科研团队人才集聚效应影响机理，并为后续章节相关实证研究的概念模型构建奠定理论依据。

第一节　人才集聚系统组织化与劣质化

在知识经济时代，承载知识的科技型人才逐渐成为推动企业创新与经济发展的主要动力源泉。因此，无论从国家层面还是企业层面，人才竞争、人才战争"硝烟四起"[155]，如何引才、聚才、用才成为各国政府和企业高度关注的重要战略问题。随着信息技术的发展与经济社会发展环境的梯度差异化，以及人才个体价值实现的驱动力影响，国家之间、行业之间、企业之间都出现了复杂的"人才流"。人才流在空间上的演化和发展，在宏观上的国家层面、行业层面，微观上的企业层面形成了不同规模、不同层次、不同形态的科技型人才聚集现象[156]。比如，从 1969 年至 1979 年的 10 年间，美国接受了近 50 万名有专门知识和技术的移民[157]，成为国家层面人才聚集现象的典型，知识密集型服务业因其人才密集、技术密集而成为行业层面人才聚集现象的代表，组织层面如跨国公司等。于是，许多企业纷纷建立科技型人才聚集系统（Talent Aggregation System，简称 TAS)，其目的在于实现人才聚集效应，提升企业的创新能力。

人才聚集经过王奋[91]、朱杏珍[92]、张体勤[94]、牛冲槐[101]等学者的不断完善和发展，成为人力资源管理领域研究的热点。相关研究文献主要聚焦于人才聚集的基本概念与特征、人才聚集动因、人才聚集环境、人才聚集模式、人才聚集评价等方面。虽然人才聚集的研究成果较多，但 TAS 的发展演化研究却很少见到，进而对于 TAS 演化过程中所呈现出来的组织化和劣质化倾向也并未引起学者们的关注。TAS 本身的复杂性、人才聚集结构、人才规模、人才素质能力、组织内外聚集环境的动态变化，以及组织预测、决策和控制的非线性、多维性和信息不对称性，使得 TAS 的发展演化具有一定的二元性（解构与建构）、动态性、不确定性，呈现出劣质化、组织化交替出现的特征，难以实现对其演化过程的有效管理和控制，导致无法管控人才聚集效应的产生与提升，从而降低了 TAS 运行的绩效。同时，TAS 是一个非线性系统，仅仅依靠单一的线性思维模式进行还原论和确定论思考不能对其演化机理作出有效的诠释。因此，有必要对 TAS 的发展演化机理进行深入的研究。

由于考虑到 TAS 是一个开放的复杂巨系统，因此在其运行过程中不可控因素很多，各种因素共同作用，必然存在有序性与无序性并存，组织化与劣质化共同影响的过程。然而，采用传统的线性分析方法难以解析 TAS 演化的规律，需要采用新的由线性与非线性集成的理论和方法，从而解决复杂性问题。而"熵"是表征系统有序性或无序性的量度，将熵理论应用于 TAS 演化的研究有利于明晰系统演化的规律。目前，尚未有学者将熵理论引入人才聚集研究领域。因此，本书针对已有研究的不足，对 TAS 及其组织化与劣质化的概念进行分析，讨论影响 TAS 运行的因素，尝试借鉴管理熵和管理耗散结构理论，构建 TAS 熵值模型与人才聚集效应模型，解析 TAS 组织化与劣质化机理，力图为企业实现 TAS 的有效控制与管理实践提供决策参考。

一、管理熵理论与人才聚集系统组织化和劣质化概念

1. 管理熵与管理耗散结构的相关理论

（1）管理熵与管理耗散结构。建立 TAS（Talent Aggregation System，简称 TAS）有利于企业对 TAS 的发展演化进行及时的管理和控制，但如何促进其向组织化方向发展，避免或减少其出现劣质化倾向的概率，需要对 TAS 组织化和劣质化的演化机理进行深入解析。由于 TAS 的复杂性、开放性、动态性和不确定性等特征，同时，存在着传统线性工具解决复杂问题的缺陷，需要采用更为有效的方法和工具来解决这一问题。而熵理论为处理这一复杂问题提供了新的思路。

熵理论被广泛应用于自然科学领域，后来与管理科学理论相结合，形成了"管理熵"的概念[158]。它是指任何一种管理的组织、制度、政策、方法等，在相对封闭的组织运动中，总呈现出有效能量逐渐减少，而无效能量不断增加的一个不可逆的过程。这也就是说，系统的能量随着熵的增加

而出现"贬值"现象，增加了"退化"的能量，而且这种能量的大小与不可逆过程所引起的熵的增加成正比。这也称为组织结构中的管理效率递减规律。这是因为当系统内部各要素之间的协调发生障碍时，或者由于环境对系统的不可控输入达到一定程度时，系统就很难继续围绕目标进行控制，从而在功能上表现出某种程度的紊乱，表现为有序性减弱、无序性增强，系统的这种状态，我们称之为系统的熵值增加效应[159]。因此，如果 TAS 是一个封闭的系统，必将产生管理熵增，增加无序性，降低人才聚集效应。这是因为在封闭系统中，只有管理熵，而且熵值不断积累扩大，如果不打破封闭的状态，TAS 终将走向劣质化极点，出现僵化平衡态。

20 世纪 60 年代末，普里戈金提出耗散结构的概念这一理论，主要研究远离平衡态的系统从无序到有序的演化规律。耗散结构理论的应用领域已经从自然科学扩展到了社会科学，耗散结构理论与管理科学的融合，形成了管理耗散与管理耗散结构的概念。管理耗散是指当一个远离平衡态的复杂企业组织，不断与环境进行能量、物质和信息的交换，在内部各单元之间的相互作用下，负熵增加，从而使组织有序度的增加大于自身无序度的增加，形成新的有序结构和产生新的有效能量的过程。管理耗散结构是指管理耗散过程中形成的自组织和自适应企业组织系统[158]。根据管理耗散结构理论，在开放式 TAS 中随着管理熵的增加，系统可以通过与外部进行能量、物质、信息的交换及自组织机制，增加系统负熵，克服系统混乱，提升系统有序性，促进人才聚集效应，提升系统组织化程度。

（2）基于管理熵和管理耗散结构的 TAS 分析框架。基于前文分析，本书引入管理熵和管理耗散结构理论分析 TAS 的演化机理。根据类比原理，TAS 的人才聚集效应类似于组织中的管理效率。其中，TAS 中"管理熵"是指在 TAS 运行过程中，由于系统内各种因素的影响，导致 TAS 运行绩效下降的程度，即管理熵是对人才聚集效应产生不利影响的度量。在相对封闭的系统中，TAS 的有效能量不断减少，系统无序性不断增加，随着系统熵值趋于极大值，TAS 也趋于宏观静止的平衡态。即管理熵描述了系统是一个不可逆的过程，揭示了人才聚集效应不断减弱的趋势。TAS 中"管理耗散"是指当一个远离平衡态的 TAS，不断与环境相互作用，即进行物质、能量与信息的交换，在其内部产生相互作用，导致负熵产生并累积，从而提升了系统的有序性，形成新的有序结构的过程。由此，根据人才聚集理论，借鉴管理熵和管理耗散理论，形成了本书的分析框架，即在 TAS 及其组织化和劣质化概念界定基础上，分析影响 TAS 的因素，建立 TAS 熵值模型和人才聚集效应模型，从管理熵和管理耗散视角剖析 TAS 组织化与劣质化演化机理。

2. 人才集聚系统组织化与劣质化概念解析

人才聚集效应是指具有一定内在联系的人才，在一定的组织空间以类聚集，在和谐的内外部环境作用下，分工明确、协作共享、发挥超过各自独立的作用，产生加总效应[156]。人才聚集包括经济效应和非经济效应。其中，经济效应等同于人才聚集效应，属于正效应；非经济效应不能实现 1+1>2 的协同效应，属于负效应。人才聚集效应的产生和提升受到 TAS 的影响和制约。所谓人才聚集系统（Talent Aggregation System，简称 TAS）是指在一定时空条件下，彼此联系的相关科技型人才结成的创新网络，人才之间协同合作、彼此吸引、互相促进、共同演进，以产生 1+1>2 作用的人才体系。比如，被称为"世界物理学发源地"的英国卡迪文许实验室，曾培育了 25 位诺贝尔奖获奖者，便是 TAS 所产生的"人才聚集效应"的典型[160]。TAS 的发展演化受到管理熵与管理耗散（负熵）的影响和制约。在管理熵与管理负熵的作用下，产生熵增效应与熵减效应的共同影响，从而不断演化呈现出组织化与劣质化不断交替、共生共存的格局。组织化、劣质化是社会系统在发展过程中存在的两种基本趋势，对于社会系统组织化而言，哈肯、普利高津等学者创立协同学、耗散结构理论论述了系统从无序到有序的动态变化，即社会系统的组织化过程[161]。其中，物理学中的无序是指在一定条件下，系统中各种粒子杂乱无章地分布；人才集聚系统的无序状态是指在一定条件下，相关人才由于人才规模失当、人才结构匹配不合理、人才内外环境不和谐等因素所造成的人才集聚系统低绩效状态，即人才集聚非经济性效应。物理学中的有序是指在一定条件下系统中各种离子均匀、整齐分布；人才集聚系统的有序是指在一定条件下，在和谐的环境中，人才之间彼此联系、相互作用所形成的人才集聚系统的高绩效状态，即产生人才集聚经济性效应。借鉴社会系统组织化的概念，TAS 的组织化可以理解为人才聚集从无序到有序的变化，即人才聚集效应不断增强的过程。劣质化是相对于组织化而言的，TAS 的劣质化是指 TAS 从有序向无序的蜕变，可以理解为对人才聚集帕累托最优状态的偏离程度或异化程度，即对当前 TAS 组织性或有序性的破坏或阻碍。根据上述概念界定，组织化和劣质化是 TAS 演化的两种倾向和趋势，人才聚集效应是 TAS 演化特征的表征指标，如图 3.1 所示。

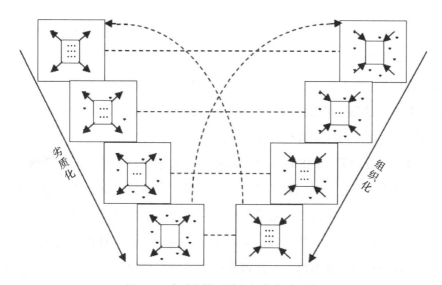

图 3.1　人才集聚系统组织化与劣质化

根据图 3.1 可知，TAS 中，组织化与劣质化是同时并存的，在管理熵居于支配地位时，TAS 总体上沿着劣质化方向演化，管理熵越大，人才聚集效应越弱；在管理负熵居于支配地位时，TAS 总体上沿着组织化方向演化，管理负熵越大，人才聚集效应就越强。TAS 劣质化的极限状态将导致人才聚集出现完全的非经济效应，TAS 组织化的极限状态将形成人才聚集完全的经济效应。从长期来看，TAS 的发展演化是劣质化与组织化互相作用、彼此联系不断循环往复的过程，也是人才聚集经济效应与非经济效应交错更替不断发展的过程。

TAS 是一个开放的系统，一般而言，管理正熵在其内部起主导作用，管理负熵在系统外部占据优势。但从更广泛的意义上来说，不管是管理正熵或是负熵，它们的影响因素都可能来自于系统内部、外部或者内外部兼有。管理正熵与管理负熵相对独立、相互影响、共同变化。因此，辩证、科学地认识和分析那些因素影响 TAS 管理熵的变化具有重要意义。

二、科技型人才聚集系统中管理熵的影响因素

TAS 的高效运行，即管理负熵起主导作用，系统趋于有序性，实现人才聚集效应的产生与提升，这主要取决于和谐的人才聚集环境因素[162]。这种环境的和谐包括人与人、人与组织、人与社会的和谐，作为某一时刻或时段的 TAS 的状态，本质上都是人与人关系的相互作用的结果[163]，而人或组织的行为往往受到一定因素的影响和支配。

（1）制度因素。TAS 的人才流动制度、人才使用制度、人才激励制度及社会保障制度等是影响管理熵的重要变量。在系统内部，新制定实施的人才流动制度、使用制度、激励制度等在实行的初期是最有效率的，对人才聚集发挥着重要的促进作用，但随着环境的动态性、复杂性变化，许多制度变量的有效性逐渐降低，反而会阻碍其他制度变量的发展，导致系统内部的管理熵不断增加、累积。

（2）文化因素。企业文化是影响人才聚集的软环境。一般而言，创新的企业文化通过正确的价值理念、积极的行为模式、良好的职业道德和包容性的创新氛围等，以愿景认同、目标导向为基础，注重学习与创新，能够创造融洽、和谐的氛围，增进人际互信，减少组织冲突和摩擦，增强团队观念，对企业人才吸引力、内聚力、创新力具有重要作用，有助于人才聚集效应的产生和提升。但随着环境的复杂性和动态变化，如果企业文化没有进行及时的变革和创新，将导致文化的适应性、有效性下降，表现为因循守旧、抱残守缺、僵化变质，从而产生文化熵增，不利于人才聚集效应。

（3）组织结构。组织结构是反映组织要素空间配置、职能分工、协调合作的模式。它具有多层级性、多功能性特征，层级之间、功能之间耦合、互动影响。由于企业生存和不断发展，组织结构通常经历一个成长、复制、放大、裂变、蜕化的过程。比如，初期的组织结构因契合 TAS 的要求，具有旺盛的生命力，人才聚集及其效应逐渐提升。但随着组织结构的复制、膨胀、老化，管理熵增加，有效能量降低，人才聚集效应递减。其原因在于组织结构与 TAS 的匹配性逐渐下降，增加了系统内部各功能单元、人与组织间、人与人之间的冲突和摩擦，造成了创新资源的浪费，导致能量减弱、适应性降低。

（4）信息沟通渠道。信息沟通渠道在一定程度上取决于组织结构因素。组织结构越合理、科学、有效，信息沟通渠道就越通畅、有效，从而为知识获取、吸收、共享、整合和应用提供平台，有利于 TAS 的运行。但随着组织结构层级的增加、幅度变宽，信息沟通渠道的长度延长、宽度增加，就会增加信息流动过程中信息失真的风险，提高信息不对称性，降低信息的准确性、及时性和价值性，势必对人才沟通意愿、行为和绩效产生不利影响，从而增加 TAS 的管理熵，致使人才聚集效应递减。

（5）资源配置因素。资源配置关乎 TAS 的生存和发展，主要包括人才资源、经济资源、物质资源、管理资源等的配置。如果资源配置机制缺乏科学性、有效性，如出现"圈子文化""子群体"等利益群体，导致资源配置的不公平，将会让人产生心理愤懑、怨恨与不公平感，长此以往将引起组织冲突，造成组织环境的不和谐，降低员工的工作满意度与情感承诺，导致资源浪费、内耗增加，势必产生管理熵增。

（6）领导风格因素。领导风格是人才聚集、组织创新的关键变量。在 TAS 中，如果领导风格出现问题，必将对人才聚集效应产生负面影响。比如，在 TAS 初期建立的家长式领导风格，曾对人才引进、人才培训、配置、使用、创新产生积极作用。但随着 TAS 的不断发展，家长式领导风格不再适应 TAS 的发展变化。比如，"一言堂"式的决策形式、行政命令式的沟通方式、死气沉沉的工作氛围等都会导致人才的积极性、主动性降低，权力距离的拉大、沟通的僵化，也会弱化人际信任，促进管理熵的增加，从而抑制人才聚集效应的产生和提升。

三、基于管理熵理论的科技型人才聚集系统组织化与劣质化解析

基于相关文献分析，借鉴"管理熵""管理耗散结构"理论的基本原理[158]，把管理熵与管理耗散结构纳入同一个系统进行研究，构建了 TAS 熵值模型和人才聚集效应模型。其中，在熵值模型中，"管理熵"主要针对 TAS 内部，随着熵增变化，TAS 的人才聚集效应呈现递减的现象。"管理耗散结构"主要针对系统外部，随着外部负熵的引入，TAS 的人才聚集效应呈现递增的现象。"管理耗散结构"旨在探讨 TAS 的发展演化，指出熵增的过程是系统劣质化的过程，熵减意味着系统组织化（有序度）的过程。

1. 科技型人才聚集系统熵值模型

根据普利高津提出的熵计算公式，TAS 熵值模型可以表示为

$$S = S^+ + S^- \tag{3.1}$$

其中，　　$S^+ = \sum_{i=1}^{n} K_i S_i$ （3.2）　　　$S_i = -K_B \sum_{j=1}^{n} P_j \ln P_j$ （3.3）

$$S^- = \sum_{u=1}^{n} K_u S_u \quad (3.4) \qquad S_u = K_B \sum_{v=1}^{n} P_v \ln P_v \quad (3.5)$$

式（3.1）中，S 表示 TAS 的熵值，包括 S^+ S^- 两个部分。S^+ 为管理熵，表示系统无序度的量度，即系统的劣质化程度。熵值增加的过程是人才聚集系统从有序状态到无序状态演变的过程[158]。S^- 为负熵，即系统熵流，表示系统有序度的量度，即系统的组织化程度。熵值减少的过程是 TAS 由无序向有序状态演变的过程。式（3.2）中，i 表示影响 TAS 的因素，通常由制度因素、组织结构因素、文化因素、沟通渠道因素等构成。K_i 为企业在某一行业、某一阶段，各种因素的权重，S_i 为某种影响因素所产生的熵值。式（3.3）中，K_B 表示管理熵系数，可理解为 TAS 所处的特定行为中，每增加单位收益所需追加的成本。j 代表 TAS 的每个影响熵值的因素中所包含的子因素，P_j 为每个子因素影响 TAS 熵值变化的概率[17]，$\sum P_j = 1$。式（3.4）中，u 为影响 TAS 产生负熵的各种影响因素，通常由适宜的企业制度、良性的企业文化、畅通的信息渠道、科学的资源配置机制、有效的领导风格等构成。K_u 为引起负熵的各影响因素所占的权重，S_u 为各影响因素的负熵值。式（3.5）中，各符号含义与式（3.3）相同。

2. 人才聚集效应模型

根据任佩瑜[158,164]的研究，熵值变化与组织效率存在此消彼长的关系，即熵值增加，组织效率递减，熵值减少，组织效率递增。类似地，在 TAS 中，熵值的动态变化与人才聚集效应也存在负相关关系，即随着系统熵值的增加，人才聚集效应递减，系统熵值减少或出现负熵，人才聚集效应递增。此关系可以用式（3.6）、式（3.7）和式（3.8）表达。

$$Y = Y_1 + Y_2 = Re^{-x_1} + Re^{x_2} \tag{3.6}$$

$$Y_1 = Re^{-x_1} \quad , \qquad x_1 = f(\alpha_1 x_{11}, \ \alpha_2 x_{12}, \ \cdots, \ \alpha_n x_{1n}, \ t) \qquad (3.7)$$

$$Y_2 = Re^{x_2} \quad , \qquad x_2 = f(\beta_1 x_{21}, \ \beta_2 x_{22}, \ \cdots, \ \beta_n x_{2n}, \ t) \qquad (3.8)$$

式（3.6）中，Y 表示人才聚集效应，包括 Y_1 与 Y_2 两个部分。Y_1 表示人才聚集效应递减，主要由系统熵增效应引起，Y_2 表示人才聚集效应递增，主要由系统熵减效应引起。其中，R 表示 TAS 的结构常数，x_1、x_2 表示影响 TAS 因素的函数，x_1 表示负向影响 TAS 因素的函数，x_2 表示正向影响 TAS 因素的函数。式（3.7）和式（3.8）中，α_i、β_i 表示权重，x_{1i}、x_{2i} 分别表示影响 TAS 的因素，t 为时间因素。

根据以上理论分析，TAS 中的管理熵阐释了人才聚集效应递减的规律，证明了系统的劣质化过程，并从理论上表明了有些 TAS 所产生的人才聚集效应总是昙花一现，即人才聚集效应生命周期很短。与此相反，TAS 中的管理耗散诠释了人才聚集效应递增规律，证明了系统的组织化进程，也从理论上证明了有些 TAS 所产生的人才聚集效应为什么能够长期持续存在，具有较长的生命周期。TAS 的演化过程正是这两个规律相互影响、共同作用的结果。人才聚集效应大小、能否持续存在，正是决定于管理熵和管理耗散结构在系统演化过程中的力量对比。在不同条件下，不同规律起主导作用。当管理耗散处于主导地位时，人才聚集效应递增，系统出现组织化趋势。但在能量消耗过程中，管理熵不断增加积累，人才聚集效应递减，管理熵开始起主导作用，系统从组织化转向劣质化。此时，若系统的开放性不够，不能与外界进行物质、能量和信息的交换，即不能及时进行制度、组织结构、文化等方面的创新，系统必将走向劣质化的极端。若系统具有很强的开放性，能够进行人才制度、政策、沟通、结构等方面的调整和优化，打破僵化的平衡态，促使人才聚集效应递增，则系统将获得新生。因此，在 TAS 演化中，存在管理熵和管理耗散结构此消彼长、相互依存、彼此制约的关系。

根据管理熵和管理耗散理论，TAS 的熵值效应包括熵增效应和熵减效应，反映了 TAS 中各种变量互相影响、共同作用的综合度量。它既存在自发的从有序向无序演化过程的态势，也存在自觉地从随机向自组织功能累积过程的表述；既包含有对系统现行制度、新政策等多方位的离弃，也隐含有对新制度、政策的定向性选择[165]。随着系统熵增与系统熵减的多重交替与时空竞争，共同表现了 TAS 的演化特征。在熵减效应作用下，代表维系系统运行的正向力量的因素，如企业新的人才制度、政策、机制等方面，在刚开始执行时起着推动 TAS 不断发展的作用，具有最大的能量，表现为人才流动顺畅、人才配置合理、人尽其才、才尽其用，从而提升了人才聚集效应。但另一方面，随着时间的推移，系统内外环境都发生了变化，企业的人才制度、政策、机制没有及时得到完善、修订，变得不再适用，失去活力，超稳态的人才制度、体制机制和人才结构、规模等成为系统发展的桎梏，导致系统无序性增加，出现了所谓的熵增效应。即在 TAS 发展过程中，随着抑制、破坏 TAS 的负向因素增强，管理熵增加，系统无序性增强，触发 TAS 的劣质化倾向，降低了人才聚集效应。其具体过程表现为扩大系统无序的负向力量在一定的时空条件下不断增大、累积，对于 TAS 起剥蚀、侵蚀作用，它还可以表现为人才规模不够，难以产生人才集聚现象；或表现为因组织利益冲突而产生了组织承诺减低、协同创新效应下降的现象，因而产生系统混乱与无序。这就需要企业及时对人才战略、政策、制度、机制以及人才创新资源的配置结构等进行调整和优化；否则，系统最终走向劣质化极值，出现终极平衡态。但如何把握人才制度、组织结构、文化等变更的决策时间临界点至关重要。

借鉴经济学中边际成本、边际收益与最大利润的概念及其关系，本书将边际思想与管理熵相结合，拟采用管理熵值的边际应用对决策时间的临界点进行定量刻画。为此，本书引入了边际熵值与边际负熵两个概念，尝试探讨边际熵值、边际负熵与人才聚集效应的关系。其中，边际熵值是指在一定条件下，每增加一个时间单位所引起的熵值增量。边际负熵是指在一定条件下，每增加一个时间单位所引起的熵值反向变化。根据式（3.1），从 TAS 熵值增量的角度，式（3.1）又可以变为式（3.9）：

$$dS = dS_1 + dS_2 \tag{3.9}$$

假设 $dS_1 = dS_2$ 的临界点所对应的时间点为 t_0，临界点左侧和右侧所对应的时间点分别为 t_1 和 t_2。假定 TAS 演化的时间顺序为 $t_1 \to t_0 \to t_2$。

（1）在时间点 t_1 时，边际熵值 < 边际负熵，即 $dS < 0$，耗散结构起主导作用，触发 TAS 组织化因素的边际正向作用大于阻碍 TAS 劣质化因素的边际负向作用，TAS 的人才聚集效应进一步提升，但未达到最大值，TAS 的总体趋势呈现组织化态势。

（2）在时间点 t_0 时，边际熵值 = 边际负熵，TAS 运行绩效最好，产生 TAS 的组织化，达到了人才聚集经济性效应最大值。这是企业对相关制度、政策、机制进行重构、更替或修正的最佳时机。这是因为在 TAS 中，熵和负熵是同时并存、相互影响的，TAS 的负熵在系统运行初期发挥主导性作用，此时，产生的熵减效应最大。但是，随着管理熵作用的增强，熵增效应的边际值在增加，而熵减效应的边际值在减少。当 $dS_1 = dS_2$ 时，系统人才聚集效应达到最大值，也是 TAS 人才聚集效应开始递减的临界点。

（3）在时间点 t_2 时，边际熵值 > 边际负熵，即 $dS > 0$，管理熵起主导作用。TAS 的人才聚集效应达到最大值后，开始递减，触发 TAS 组织化因素的边际正向作用小于阻碍 TAS 劣质化因素的边际负向作用，TAS 的总体趋势呈现劣质化态势。

TAS 是一个复杂的动态开放的系统，在其发展演化过程中包含系统组织化与劣质化两种倾向。其具体过程可以描述为：在 TAS 演进过程中，存在影响系统熵变化的诸多因素的竞争与对比，形成了管理熵和管理耗散结构此消彼长、相互依存、彼此制约的关系，进而产生了系统熵增效应与熵减效应的共同作用，出现了人才聚集效应递减与递增现象，从而导致 TAS 的劣质化与组织化。

企业构建 TAS，通过优化人才聚集结构、改善人才聚集环境、重构组织流程、培育创新文化等方式增加负熵，提升有效能量，实现人才聚集效应的产生与提升，进一步促进 TAS 的组织化，从而突破企业 TAS 劣质化困境，达到较高的创新绩效。TAS 的组织化与劣质化机理研究对于我国企业人才聚集战略实施及其绩效管控具有一定的价值。

第二节　社会物理学视角下组织冲突对人才集聚效应影响机理

一、社会燃烧理论诠释冲突条件下人才集聚演化的依据

自然界的燃烧现象，包括物理过程和化学过程。燃烧通常需要满足燃烧材料、助燃剂和点火温度这三个基本条件[166]。社会物理学应用该原理，将社会的无序、不稳定、不和谐及崩溃，同燃烧现象进行了合理的类比和解释。① 导致社会无序的根本动因，即随时随地发生的"人与自然"关系的不协调和"人与人"关系的不和谐，可以被理解为社会失稳的"燃烧物质"。② 某些媒体的错误导向、虚假报道、夸大其词的言论、谣言的蔓延、小道消息的传播、敌对势力的恶意攻击、非理性的推断、自我利益的最大化、社会心理的严重失衡等，均起到了社会动乱中燃烧的"助燃剂"作用。③ 具有一定规模和影响力的突发性自燃或社会事件，通常可以作为社会动乱中的导火索或"点火温度"。通过上述三个基本条件的合理类比，便可以把社会稳定状况引到一个严格的理论体系和统计体系的分析框架中，以研究社会系统的劣质化过程[30]。

根据社会燃烧理论的基本内容可知，社会燃烧理论主要用来分析社会系统劣质化过程。人才集聚系统是社会系统的子系统，人才集聚系统同样

也具有系统劣质化的过程。这是因为：① 在一定时空条件下，科研团队人才集聚受到多种因素的影响和制约，呈现出经济效应与非经济效应两种状态。人才集聚的演化过程表现出其组织化与劣质化交互影响、不断叠加、此消彼长的特征。② 本研究假定在其他条件不变的情况下，考察组织冲突对科研团队人才集聚效应的影响。相关研究指出，人才集聚效应与组织冲突具有重要关系。根据社会燃烧理论，组织冲突属于组织燃烧的基本物质，组织冲突分为任务冲突（建设性冲突）和关系冲突（破坏性冲突）。其中，任务冲突对人才集聚效应具有积极影响，关系冲突对人才集聚效应具有消极影响。③ 在科研团队成长和发展过程中，存在影响组织冲突的两类因素。一类因素如良好的组织文化、便捷的沟通机制、柔性组织变革机制和公平的利益分配机制等，起着激发和提升建设性冲突的作用；另一类因素包括人才个体差异、沟通障碍、组织结构失调和不公平的利益分配格局等，引发和加速破坏性冲突的产生和升级，相当于人才集聚系统劣质化过程中的"助燃剂"。④ 随着破坏性冲突的不断产生和升级，组织中的负能量不断集聚，当负能量的量累积到一定程度和规模，达到人才集聚非经济效应的临界值，相当于起到了人才集聚系统冲突事件的点火温度效应，将出现人才集聚的劣质化过程，产生人才集聚的非经济效应。

二、基于社会燃烧理论的人才集聚效应方程构建

作为社会物理学重要构成部分，社会燃烧理论的突出贡献在于其解析了系统组织的解体和系统有序的解构过程，即从有序到无序的社会系统的劣质化[30]。作为社会子系统的人才集聚效应系统，同样存在着从有序到无序的劣质化转变。因此，本研究借鉴社会燃烧理论，从组织冲突的视角，把组织冲突界定为建设性冲突（任务冲突）与破坏性冲突（关系冲突），构建人才集聚效应方程（Equation of Talent Aggregation Effect，ETAE），旨在诠释组织冲突对人才集聚效应的影响机理。

规定 ETAE 是在一定的时间（t）、空间（α）和社会规模尺度（β）下，人才集聚效应系统从常态到非常态、从有序到无序、从组织到崩溃的动力学度量［式（3.10）］。

$$ETAE(t, \alpha, \beta) = f_1(M) \cdot f_2(A) \cdot f_3(D) \qquad (3.10)$$

式中，$f_1(M)$ 表示冲突源（燃烧物质），本研究赋予 $f_1(M)$ 为组织冲突，包括建设性冲突（任务冲突）与破坏性冲突（关系冲突）；$f_2(A)$ 表示组织冲突激发能（助燃剂），此处赋予 $f_2(A)$ 为信息误导、流言、心理不安全、非理性判断、心理扭曲等因素所产生的负能量；$f_3(D)$ 表示组织劣质化触发阈值（点燃温度），赋予 $f_3(D)$ 为人才集聚效应劣质化的最低平均动能，即系统劣质化临界值。$f_1(M)$ 是在一定的条件下，由系统中背离人与组织关系和谐的差距（人与组织的冲突）和背离人与人关系和谐的差值（人际冲突）这两者的综合度量所共同反映。它服从"拉格朗日社会变体方程"的形式［式（3.11）］，

$$f_1(M)_{t, \alpha, \beta} = \int_t^{t+1} \left\{ 1 - \left[\frac{SK}{SK_0} - SK^{(T-T_0)\ln P} \right] \right\} dt \qquad (3.11)$$

式中，SK 是维持人才集聚效应系统的现实控制力；SK_0 是实现人才集聚效应的最优控制力；T 是背离人才集聚效应状态下的"组织温度"；T_0 是处于人才集聚效应状态下的"组织温度"；P 是偏离现实组织制度的微观存在状态，P 值越大，偏离组织状态数越多，服从于波尔兹曼熵原理中社会混乱度和熵增原理。SK 作为正向约束变量，本研究赋予 SK 为引起建设性冲突的要素，称为正向机制因素。它通常包括组织文化、良性沟通、组织变革机制、激励机制、共同愿景机制和利益分配机制等因素。可以表述为式（3.12）

$$SK = \sum_i SK_i \qquad (3.12)$$

其中，正向作用机制的具体内容主要包括以下五个方面。

（1）良好的组织文化。在组织管理实践中，组织应改变领导风格，去

除僵化、独裁、家长式领导作风，建立包容型领导风格，努力营造鼓励冲突的文化氛围。领导者也应切实秉承"以人为本"的宗旨，包容员工的个性化特征和差异化需求，勇于、善于听取员工的建议，鼓励员工敢于挑战现状、挑战权威，提出新思想、新见解，激励员工分享知识，平等参与企业决策，并认可员工的贡献，实现员工与组织的协同发展。

（2）畅通的沟通渠道。畅通的沟通渠道是激发建设性冲突的有效手段，通过面对面沟通，直接产生与员工的建设性冲突，增加冲突负熵。沟通包括正式沟通与非正式沟通，对于正式沟通，组织应形成有效的制度机制，运用相应的技术促进沟通的制度化、经常化和规范化，提升沟通的效果。对于非正式沟通，管理者应恰当利用非正式沟通渠道激发良性冲突效应，激励员工的质疑精神和反思能力，从而产生新思想，提高建设性冲突水平。

（3）激励冲突的制度。制度是激励建设性冲突的根本保障。因此，增加冲突负熵的关键在于明确建设性冲突的合法地位，在组织内部建立鼓励冲突的制度。同时，组织内必须营造鼓励冲突的氛围，形成一种畅所欲言的环境，管理者必须率先示范，坦然接受冲突并积极引导成员参与良性冲突，激励组织成员敢于向现状挑战、倡议革新观念、提出不同的看法。

（4）组织结构变革机制。结构是对于工作任务如何进行分工与协调合作，反映组织要素排列顺序、空间位置、聚散状态、联系方式及其相互作用的一种模式。传统的组织结构易引发破坏性冲突，员工士气低落、积极性不高，从而导致人才集聚的负效应。此时，需要对组织结构进行诊断和分析，变革组织结构，实现组织结构的扁平化、网络化和虚拟化，从而保障组织的沟通顺畅，使组织成员在不断地交换认知信息过程中，提升彼此认知度和相互学习的能力。此外，非正式沟通也有利于激发建设性冲突，产生新思想、新方法。

（5）共同愿景机制。科研团队中的人才具有不同的制度约束、文化背景以及合作的动态性和人才的分散性特征，会产生不同的预期和目标。因此，建立共同愿景是提高人才信任水平的一个可行选择。愿景是人才共同的心声，能把各种资源融合起来，产生激励人、鼓舞人的力量。因此，人才在愿景的引导下能够将个人目标与组织目标相融合，有利于培养组织和个人承诺，使全体成员融为一体，淡化人与人之间的利益冲突，从而形成一种巨大的凝聚力、驱动力和创造力，产生目标相容效应，提高人才之间的信任水平。

同时，对人才集聚效应系统实施解体的剥蚀变量 $(T - T_0)\ln P$，作为人才集聚效应劣质化因子，赋予劣质化因子为造成各种破坏性冲突的因素，称为负向作用机制，包括人才个体差异（个性特征、价值观与个人目标）、沟通不畅、组织结构失调、利益分配不公平等因素［式（3.13）］。

$$(T - T_0)\ln P = \sum_i (T - T_0)\ln P_i \tag{3.13}$$

其中，负向机制的主要内容包括以下四个方面。

（1）个体差异。虽然个性特征具有一定的稳定性，但个体差异是客观存在的。由个体差异而产生冲突的因素主要包括个性特征、个人目标与价值观等方面。在人才集聚过程中，一方面，如果个性差异过大，往往给其他组织成员造成心理压力，产生情感冲突，从而分散创新精力；另一方面，也可能因价值观或目标差异产生工作任务分歧与偏见，造成合作难度加大，智力分散，难以产生集聚协同创新效应。因此，由个体差异引起的冲突一旦由隐性转变为显性，势必对协同创新产生消极影响。

（2）沟通不畅。适度的人才规模是人才集聚产生创新的必要前提。在一定的人才规模下，人才之间必然存在大量的信息、知识、技术的交互。在这个过程中，沟通起着关键的作用，沟通是一种信息交互过程。其中，高水平的沟通可以消除误解，促进人际互信。而低水平的沟通往往由于信息本身的模糊性或不准确性、信息传播介质的障碍，或因发送者与接受者之间因认知方式不同产生的不同理解、彼此的不信任或其他情绪因素等方面导致冲突。因此，成功的沟通对创新产生正向作用，失败的沟通事倍功半，导致偏见增加，提高了冲突的可能性，并对未来的合作创新产生阴影[167]，可能造成人才集聚效应的劣质化倾向。

（3）组织结构失调。组织结构的本质在于构建了成员之间的依赖关系，当这种关系因认知差异、目标分歧阻碍了各方的行为和意愿时，冲突就会发生。尤其是随着虚拟技术的发展和市场信息的复杂性、多变性，同时，伴随着社会分工不断深化与专业化要求的不断提高，致使组织结构发生了巨大变化，网络化、扁平化和虚拟化逐渐成为其主要特征，这对人才集聚效应提出了更高的要求。因为在其协作创新过程中，可能会因目标、文化、权责利等差异产生人才之间的局部利益之争，结果会出现协作不利、推诿扯皮现象，从而引发组织冲突，致使组织人才心理失衡，"组织温度"上升，偏离组织制度的微观状态数增多，熵值增大，混乱度提高，从而推动了人才集聚效应的解构过程。

（4）利益分配不公。组织是各种利益竞争的载体，利益冲突是组织冲突的核心，大多数冲突都可以归结为利益冲突。组织利益具有复杂性和多样性，属于经济利益和非经济利益的混合体。经济利益如薪酬待遇、知识产权、预期利润等，非经济利益如组织中的声望、地位与荣誉等。利益分配失调主要体现在利益的差异性、利益分配不公、薪酬体系不合理和利益的稀缺性。比如，组织中薪酬的分配，不同的人、不同的团队会根据其贡献，得到相应的薪酬。但是如果组织的薪酬体系设计不合理、不完善，存在"制度漏洞"与执行不力等现象，成员感到分配不公平，就会出现不满和心理愤懑，造成心理焦虑，心理健康恶化程度增强[168]，成员之间心理距离拉大问题，结果导致冲突发生，从而积聚组织不和谐的负能量。

因此，式（3.11）中，如果 $\frac{SK}{SK_0} - SK(T - T_0)\ln P = 1$，表示组织冲突为

0；如果 $\frac{SK}{SK_0} - SK(T - T_0)\ln P \to \infty$，表示组织冲突已经充满组织，即达到人才集聚效应呈现非经济性的最大能量储备。这表明冲突达到最大值，根据

相关文献，冲突与组织创新绩效呈倒 U 形关系。此时，系统人才集聚效应趋近于零。

$f_2(A)$ 在特定的条件下，通常由组织心理水平所产生的组织激发能描述。激发能 U 服从社会心理谱的波尔兹曼分布，要求组织成员和由心理状态引发的总激发能满足［式（3.14）］：

$$N = \sum_i n_i \quad \text{与} \quad U = \sum_i u_i n_i \qquad (3.14)$$

式中，N 表示组织成员数，U 表示由所有组织成员构成的激发能总和。组织激发能的平均状态可表述为式（3.15）：

$$\overline{U_u} = \overline{U_i} - U_0 \qquad (3.15)$$

式中，$\overline{U_u}$ 为人才集聚效应助燃剂所具有的组织激发能；$\overline{U_i}$ 为大于波尔兹曼能级分布中高出平均状态下概率所积聚的平均组织激发能；U_0 为正常组织心理状态下的平均组织能。组织激发能由组织冲突引起，反映组织的整体心理焦虑与恶化状态，用心理距离表示，心理距离越大，心理焦虑水平越高，激发能越大，从而集聚负能量，增加系统动能储备，加速破坏性冲突对人才集聚效应的劣质化进程。

$f_3(D)$ 是指特定条件下，达到瞬间可以引起人才集聚效应非经济性效应的临界值。该临界值所需要的最低平均动能，可以有效地克服组织势垒，以快变量的形式实现类似于量子跃迁的能量释放，起到人才集聚效应系统冲突事件的点火温度效应［式（3.16）］。

$$E_d \geqslant E_0 \qquad (3.16)$$

式中，E_d 代表等于或大于人才集聚效应系统非经济性触发阈值所需的平均动能（E_0）。

在构成人才集聚效应的三大因素中，$f_1(M)$ 表达了对人才集聚效应系统起支配作用的慢变量，取值范围为 0~1，反映了 $f_1(M)$ 对于人才集聚效应发展演化的基础性与决定性作用；$f_2(A)$ 表达了对人才集聚效应系统起增强作用的中变量，作为冲突的第一订正因子，取值范围为 ±0.2，反映了破坏性冲突与建设性冲突力量对比后所产生的动能储备（负能量）；$f_3(D)$ 表示对人才集聚效应系统起临界作用的快变量，作为第二订正因子，其取值范围为 ±0.1，反映人才集聚效应劣质化的临界值。三者之间的关系可写成式（3.17）：

$$\text{ETAE}_{t,\,\alpha,\,\beta} = \left\{ \left[\int_t^{t+1} \left\{ 1 - \left[\frac{\text{SK}}{\text{SK}_0} - \text{SK}\,(T - T_0)\ln P \right] \right\} \mathrm{dt} \right] \exp\left(\int_t^{t+1} \overline{U_u}\,\mathrm{dt}\right) \right\} \exp\left(\int_t^{t+1} E_d\,\mathrm{dt}\right)$$

$$(3.17)$$

通过分析综合模型可知，在人才集聚效应过程中，由于人才个体差异所产生的价值观念、个人目标、个性特征的差异性，沟通不畅所产生的信息断层、失真和信息不对称，组织结构失调所造成的协调困难、推诿扯皮现象，利益分配所产生的不公平、心理愤懑、仇视与敌意等问题，必然在人与人之间、人与组织之间产生差异，从而产生梯度，进而产生"力"，称之为"冲突力"，包括正向冲突力和负向冲突力。其中，正向冲突力促进人才集聚效应的稳定与发展，负向冲突力破坏其稳定性，并对人才集聚效应产生解体作用。两种冲突力通过竞争与对比，随着时间的推进而不断演化发展，"组织温度"不断升高。当扩大组织无序的破坏性冲突所产生的边际负向力，超过维系组织系统的建设性冲突所产生的边际正向力时，通过信息误导、心理感知、非理性判断、社会心理扭曲等助燃剂的不断催化，组织熵逐渐增大，负能量不断累积，提升了破坏性冲突的规模、频率与强度，从而实施者冲突的第一订正因子的作用，以 $f_2(A)$ 表示。在 $f_1(M)$ 与 $f_2(A)$ 的共同作用下，能否达到人才集聚效应系统的非经济性效应，需要 $f_3(D)$ 对于"组织触发阈值"的突破，促使人才集聚效应系统从平衡态到远离平衡态，从有序走向无序，从而产生人才集聚效应的经济性效应到非经济性效应的蜕变。

三、组织冲突对人才集聚效应的影响分析

已有文献[101-104]研究指出，组织冲突是影响人才集聚的重要变量，但组

织冲突对人才集聚影响机理的分析主要定位于冲突的消极作用。从本质上看，这种冲突观依然是传统的一维冲突观，即仅看到冲突的不利或破坏性影响，而忽视了其对于组织的建设性作用。研究冲突对于人才集聚效应的影响机理，必须建立辩证的冲突观，并且需要区分不同的冲突类型，剖析不同类型的冲突对人才集聚效应的影响。对于冲突类型而言，学者们进行了较多研究。比如，Jehn[66]把冲突分为任务冲突、关系冲突。还有学者把冲突概括为情感冲突和认知冲突[169]。虽然这两种冲突类型划分方法不同，但冲突的内涵和维度结构相近。其中，情感冲突和关系冲突含义相近，指的是基于主观感性，往往由于个性不兼容而产生紧张、沮丧等不良情绪的冲突；而认知冲突与任务冲突一致。本研究探讨冲突效应时借鉴了前一种分类方法。

关系冲突属于组织燃烧的基本物质，是产生人才集聚效应劣质化的负向力。① 对于人才个体而言，关系冲突往往伴随着愤怒、焦虑、抑郁、不安、紧张和烦躁，对个人认知、情绪等心理因素具有消极影响。关系冲突可破坏人才之间的信任关系，会出现误会、打击报复等现象，分散员工精力，造成人际不和谐，降低团队协同力和聚集力，这对于人才集聚效应过程中的知识传递、共享、整合生成都具有不利的影响。此外，关系冲突产生人才心理方面的消极作用，增加了组织温度，弱化了心理安全，降低了组织承诺与工作满意度，造成工作懈怠，士气不振，从而导致人才效能下降，责任感和忠诚度降低的现象，甚至出现缺勤和离职问题。② 对于组织而言，关系冲突对组织目标、协调和决策均带来不利的影响。由于受传统冲突观的影响，组织成员往往带着输赢导向参与冲突，结果在认识上造成偏见增加，在行为上合作减少、协调困难，陷入群体思维陷阱，导致决策失误。因此，关系冲突弱化了组织的沟通能力，或直接导致组织沟通的"孤岛现象"，这样便僵化了组织成员的创新模式，不利于人才集体学习和规模效应的发挥。可见可关系冲突构成了对人才集聚效应系统实施解体的剥蚀变量，是人才集聚劣质化因子的动力因素。

同样，任务冲突也是组织燃烧的基本物质，具有维系人才集聚效应系统的正向力属性。① 对于人才个体与组织创新而言，任务冲突鼓励员工重新考虑、探讨问题，并积极寻求问题解决方案，从而提高创新绩效。比如，以"头脑风暴法"去探讨团队任务，每个人才可以畅所欲言、自由探讨，开启想象力、激发灵感、集思广益，发挥知识协同效应，有利于人才之间的思维碰撞，促进隐性知识向显性知识的转化，激发创新和想象力，产生知识溢出。此外，任务冲突还能够促进组织成员自我反思、自主学习、自主创新与自我发展。② 对于组织变革与生命力而言。中国的企业和组织受到传统文化的熏陶而持久弥坚，形成了特定的思维惯性，倡导"以和为贵"，秉承"中庸之道""稳定压倒一切"，为的是追求和谐局面。辩证冲突观的出现，打破了一维冲突理论，认为建设性冲突也是一种生产力，能够通过积极竞争、沟通与质疑，促进组织革新，保持组织旺盛的生命力。

综上所述，冲突是人才集聚效应系统的基本燃烧物质，并随着时间的积累，进一步通过激发能的催化，可增加人才集聚无序化过程的"组织温度"，扩大冲突的规模、频率和强度，完成组织熵增达到可以产生跃迁的能量储备，在人才集聚效应非经济效应的触发阈值点燃下，产生人才集聚效应的非经济性。但如果能正确认识冲突，采取积极态度，制定有效措施，就可能变破坏性冲突为建设性冲突，发挥冲突维系人才集聚效应系统稳定发展的作用，避免其无序、混乱、甚至崩溃，促进人才集聚效应的产生和提升。

第三节　突变论视角下组织冲突对人才 集聚效应的影响机理

一、尖点突变模型分析冲突条件下人才集聚效应的依据

根据 Thom[46] 的突变理论，自然界和社会现象中不连续现象可以通过某些特定的几何图形来表示。在参量小于等于 5 的条件下，共有 11 种突变模型，但满足在三维空间和一维时间的四个因子控制下的初等模型，可以归纳为七种类型[170]。这七种类型的初等突变，按照其几何形状分别为折叠型突变、尖点折叠型突变、燕尾折叠型突变、蝴蝶折叠型突变、双曲脐折叠型突变、椭圆脐折叠型突变与抛物脐折叠型突变。其中，应用最为广泛的是折叠突变、燕尾突变和尖点突变，主要用来解释某种系统或现象从一种稳态向另一种稳态的跃迁或不连续变化。它通常具有双模态、突跳和滞后等基本特征。

根据相关文献：人才集聚具有如下特点。① 人才集聚具有经济效应和非经济效应。② 非经济效应相对于经济效应更容易产生。③ 人才集聚经过量变积累达到一定条件可以由非经济效应转化为经济效应，人才集聚也可以由于人才环境不和谐等因素从经济效应转化为非经济效应。④ 组织冲突对人才集聚两种效应的转化具有重要影响。基于此，人才集聚具有对应于突变模型中的双模态、突跳与滞后现象的基本特征，而传统的数学模型无法有效地对它们进行合理的解释。为此，人才集聚经济性效应与非经济性效应的转化问题可通过突变理论得到有效分析。

在传统的七种突变模型中，尖点突变模型简单、实用，由三维图像、两维控制变量与一维状态变量组成，几何直观性很强，获得了广泛应用。

一般而言，尖点突变模型主要用来解释或检验两个可以相互转化事物的质变演化过程。根据突变理论，

尖点突变模型的势函数标准式为[46]式（3.18），

$$V(z; \ \alpha, \ \beta) = -\frac{1}{4}z^4 + \frac{1}{2}\beta z^2 + \alpha z \tag{3.18}$$

式中，z 是状态变量，与人才集聚效应呈现线性关系。α、β 为控制参数，这里 β 表示分歧因子，α 为正则因子。控制参数 α、β 分别由影响人才集聚效应的任务冲突与关系冲突的线性组合构成。$V(z; \ \alpha, \ \beta)$ 为势函数，势函数描述了一个三维相空间，其平衡曲面 M 由 $\frac{\partial V}{\partial z} = -z^3 + \beta z + \alpha = 0$ 确定。对于突变点，同时要满足式（3.19）

$$\begin{cases} \dfrac{\partial V}{\partial z} = 0 \\ \dfrac{\partial^2 V}{\partial z^2} = -3z^2 + \beta = 0 \end{cases} \tag{3.19}$$

通过计算可得到分歧点集满足的方程：$\Delta = -4\beta^3 + 27\alpha^2$。根据上述模型可知，人才集聚效应决定于任务冲突与关系冲突的组合变化，人才集聚经济效应与非经济效应的转化决定于控制变量的变化程度。尖点突变模型有两个控制变量 α 与 β，分别为正则因子与分裂因子。当 $\Delta = 0$ 时，系统处于临界平衡态，系统的状态可能发生突变；当 $\Delta > 0$ 时，系统将维持在平稳状态；当 $\Delta < 0$ 时，系统将会发生突变现象，处于不稳定的状态[171]。

二、科研团队人才集聚效应的尖点突变模型

1. 人才集聚效应经典尖点突变模型

近年来，突变理论在管理研究领域也获得了大量应用，如组织契约、组织管理、预测与决策、竞争战略等[172-174]方面。在突变理论的七种经典模

型中，尖点突变模型以其结构简单、内涵丰富得到了广泛应用。尖点模型具有突跳、双模态、滞后等突变特征，这与科研团队人才集聚经济性效应与非经济效应两种状态及其相互转化有相似之处。因此，使用尖点突变模型诠释人才集聚效应动力学具有合理性和可行性。于是，科研团队人才集聚效应演化的动力学方程可表示为式（3.20）

$$dz/dt = -z^3 + \beta z + \alpha \qquad (3.20)$$

式中，科研团队人才集聚效应 y 由线性变换 $z = (y - \lambda)/\sigma$ 来处理，λ，σ 是变换参数，参数 α 是正则因子，β 是分歧因子，y 是与状态变量 z 相关的观测变量。

2. 人才集聚效应动力学的随机尖点突变模型

根据数学理论，式（3.20）属于常微分方程，不存在随机变量的影响。但是对于科研团队人才集聚效应而言，其发展演化受到多种因素的影响，尚存在不确定性的内外因素的作用。因此，需要在常微分的基础上加上随机扰动项，得到式（3.21）

$$dz = (-z^3 + \beta z + \alpha) dt + dw(t) \qquad (3.21)$$

式中，$dw(t)$ 反映了扰动因素。可以借助于式（3.21）对人才集聚效应的突变机制进行分析。但是在分析之前，必须确定相关参数（α，β，λ，σ），这样才能更具体而深入地探讨人才集聚效应与任务冲突和关系冲突之间的关系，进一步明确组织冲突控制变量影响下人才集聚效应动力学演化的规律。

科研团队人才集聚效应是一个微观层面的人才集聚效应模式，对其分析探讨主要局限于定性研究方面，目前尚没有学者从动力学的视角构建数学模型对人才集聚效应的发展演化进行研究，而突变特征的存在性为我们采用突变模型拟合人才集聚效应动力学提供了理论上的可行性[172]。本研究从组织冲突的视角，拟分析组织冲突控制变量作用下科研团队人才集聚效应突变机制的定量模型。因此，本研究将采用突变模型的拟合原理和方法，按照赤池信息准则（AIC）和贝叶斯信息准则（BIC）选择最佳匹配模型[175]，对科研团队人才集聚效应进行定量分析。

三、科研团队人才集聚效应尖点突变模型的拟合

1. 搜集数据及其信效度

本研究主要借鉴 Jehn[69]的研究，分别测度任务冲突与关系冲突，均包含5个题项（详见第四章表4.1）。借鉴相关文献，结合科研团队的特征，人才集聚效应由4个维度构成，分别为信息共享效应、集体学习效应、知识溢出效应与创新效应，包括14个题项（详见第四章表4.2、表4.3、表4.4、表4.5）。量表均采用李克特五点量表测量方法。本研究采用邮寄、实地发放问卷与网上调查的方式获取调研数据，被试包括团队中的研究人员、管理人员。共发放问卷300份，最终有效问卷为211份（数据收集过程详见第四章的数据收集部分）。利用 spss 软件对量表进行信度与效度检验表明，各量表 Cronbach's α 系数在 0.647~0.917，量表的因子载荷在 0.5 以上，这说明量表的信度与效度满足统计计量的条件。

2. 尖点突变模型拟合方法

尖点突变模型的应用通常有两种方式，一是利用尖点突变模型进行定性的描述；二是采用相关数据进行参数估计，开展定量化拟合。在定性研究方面，Gilmore[176]提出了尖点突变模型的定性行为特征，其中最为突出的是突跳、滞后性与双模态等。第二种方式则是采用统计拟合程序，对尖点突变模型与数据之间匹配评估。一般而言，尖点突变模型应用于确定的环境中，而不能直接应用于社会科学领域。因为社会科学往往是复杂的，具有随机性。因此，Loren Cobb[177-179]在一般尖点突变模型的基础上加入白噪

音［$\mathrm{d}w(t)$］，构成了随机尖点突变模型（Stochastic Dierential Equation, SDE）［式（3.22）］：

$$\mathrm{d}y = \frac{\partial V(y;\ \alpha,\ \beta)}{\partial y}\mathrm{d}t + \mathrm{d}W(t) \tag{3.22}$$

随机尖点突变模型（SDE）的概率密度函数可表示为：

$$f(y) = \frac{\psi}{\sigma^2}\exp\left[\frac{\alpha(y-\lambda) + \frac{1}{2}\beta(y-\lambda)^2 - \frac{1}{4}(y-\lambda)^4}{\sigma^2}\right] \tag{3.23}$$

式中，$z = (y-\lambda)/\sigma$，σ 是一个归一化常数，λ 为变换参数，z，y，α，β 同上。

根据 Cobb 等[177,178] 的理论成果，α，β 是组织管理实践中观测变量的线性表达式。假设有 n 个观测变量 $\{x_1,\ x_2,\ \cdots,\ x_n\}$，$\{z_1,\ z_2,\ \cdots,\ z_n\}$，$w_i$，$a_i$，$b_i$ 是第 i 个可测变量的贡献因子，$i \in \{1,\ 2,\ \cdots,\ n\}$。则 z，α，β 的表达式如式（3.24）

$$\begin{cases} z = w_0 + w_1y_1 + w_2y_2 + \cdots + w_ny_n \\ \alpha = a_0 + a_1x_1 + a_2x_2 + \cdots + a_nx_n \\ \beta = b_0 + b_1x_1 + b_2x_2 + \cdots + b_nx_n \end{cases} \tag{3.24}$$

目前，突变模型的拟合方法主要有三个分支，一是以 Cobb[177] 提出的经典拟合方法，二是 Hartlmati[180] 开发的替代算法，三是 Cobb[179] 的改进算法。相比较而言，Cobb 提出的极大似然估计法因软件拟合的不稳定性，以及使用的困难性而导致其没有被广泛应用。Hartlmati 提出的方法更具有稳定性和针对性，而且还能够与 logistic 模型加以比较，以选择最优模型。第三种方法以 R 语言为平台，采用了 Cobb 等[177] 提出的极大似然估计，增强了由 Oliva 等提出的子空间拟合方法，使用更为简便，运行更为稳定、准确。此外，按照 AIC 和 BIC 准则判定模型的优劣，即当两个指标同时达到最小值时，所对应的尖点突变模型最佳。

3. 拟合结果

根据相关文献,任务冲突与关系冲突对人才集聚效应具有重要影响。因此,本研究把关系冲突(x_1)与任务冲突(x_2)作为与分歧因子 β 和正则因子 α 相关的独立控制变量,人才集聚效应水平 y 作为与状态变量 z 相关的观测值。这样,拟合估计方法的原理可表示为式(3.25)

$$\begin{cases} z = w_0 + w_1 y_1 \\ \alpha = a_0 + a_1 x_1 + a_2 x_2 \\ \beta = b_0 + b_1 x_1 + b_2 x_2 \end{cases} \quad (3.25)$$

本研究使用 R 软件,加载 cuspfit 软件包,输入搜集到的有效数据,采用极大似然估计法,对参数 a_0, a_1, a_2, b_0, b_1, b_2, w_0, w_1 进行拟合估计。由于两个控制变量(任务冲突与关系冲突)与正则因子和分歧因子可能是一元函数,也可能是二元函数,同时,cuspfit 软件包允许 a_1, a_2, b_1, b_2 中的某些值为零,但 a_1, a_2 或 b_1, b_2 不能同时为零,这样共得到 8 个尖点突变拟合模型与 Linear、Logist 模型,详见表 3.1。根据评价准则,通过比较发现,模型 2 为最佳模型(AIC = −453,BIC = −439)。这是因为,一方面,只有模型 2 的参数估计的回归系数均呈显著性;另一方面,与其他模型及线性模型与 Logistic 模型相比较,其判断准则 AIC 与 BIC 取值均最小。因此,它对应的随机尖点模型动力学方程为式(3.26)和式(3.27)

$$dz = (-z^3 + \beta z + \alpha)dt + dw(t) \quad (3.26)$$

$$z = 0.61 y_1 , \alpha = 1.19 x_2 , \beta = 2.52 + 0.60 x_1 \quad (3.27)$$

表 3.1　尖点突变模型参数估计结果

模型	a_0	a_1	a_2	b_0	b_1	b_2	w_0	w_1	AIC	BIC
1	10.70	−1.14	−0.26	−5.26	1.37	0.68	−1.46	0.87***	557	584
2	0	0	1.19**	2.52*	0.60***	0	0	0.61***	−453	−439
3	−0.73	0.52	0.87**	−6.53*	0.89	0	−3.83*	1.16***	556	580

模型	a_0	a_1	a_2	b_0	b_1	b_2	w_0	w_1	AIC	BIC
4	−1.88	1.28***	0.40	−6.67	0	0.65	−3.93**	1.14***	557	581
5	9.82	−1.19	0	−5.21	1.42	0.57	−1.56	0.89***	555	578
6	9.75	0	−1.15	−4.84	0.83	1.10	−1.49	0.88	555	579
7	6.76	0	−0.45	−1.52	0	0.94	−1.58	0.86***	583	603
8	−0.09	1.24***	0	−7.20*	0	0.97**	−3.86***	1.15***	555	575
Linear	—	—	—	—	—	—	—	—	143	157
Logist	—	—	—	—	—	—	—	—	138	148

注：显著性水平：*$p<0.1$；**$p<0.05$；***$p<0.01$。

由表3.1可知，$a_1 = 0$，$b_2 = 0$，说明把任务冲突与关系冲突两个变量选为控制变量具有理论上的合理性，且任务冲突与正则因子正相关，关系冲突与分歧因子正相关。这表明了，在组织冲突视角下，科研团队人才集聚经济效应与非经济效应的转化符合尖点突变模型的形式，得到了突变理论的支持。

四、科研团队人才集聚效应突变分析

根据式（3.26）和式（3.27），结合随机尖点突变模型的典型特征，分析科研团队人才集聚效应与组织冲突之间的关系，即探索在任务冲突与关系冲突作用下，人才集聚效应组织化与劣质化的内在机理，如图 3-2 所示。在图 3.2 中，把上叶作为人才集聚经济效应状态，下叶视为人才集聚非经济效应状态，从中可直观看出人才集聚效应的演化过程。

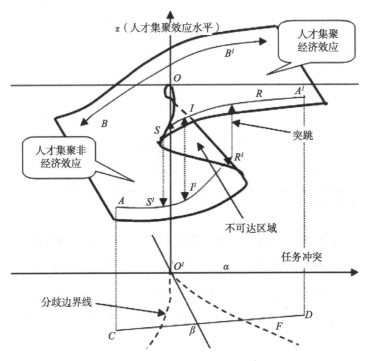

图 3.2　人才集聚效应变量与组织冲突变量之间的关系

　　根据尖点突变模型，人才集聚的状态决定于两个控制变量的相互作用，即负向的关系冲突机制和正向的任务冲突机制。对于两个控制变量的任何组合，对应控制面上的任何一点，至少有一种相应的状态方式，投影在状态轴方向适当高度的状态面上。这些投影点联结形成一个光滑曲面，即平衡曲面。人才集聚效应的相变过程即人才集聚经济性效应和人才集聚非经济性效应的相互转化，可以表示为如图 3.2 的平衡曲面。该曲面为尖点突变模型。曲面上每一点表示一定任务冲突和关系冲突条件下人才集聚效应水平。曲面总的趋势是由高往低倾斜，说明随着关系冲突的增强和任务冲突的降低，人才集聚由经济性效应转变为非经济性效应。这个平衡面的特别之处在于它有一个平滑的折叠，折叠越向后越窄，最后消失在三层汇合起来的那一点 O ，就是临界点所对应的人才集聚效应水平。除了折叠的中间那一叶，整个曲面都表示人才集聚水平的稳定状态。折叠的中间叶表示人才集聚水平的不稳定状态[181]。

1. 正则因子与分歧因子的作用

关系冲突与分歧因子 β 相关，任务冲突与正则因子 α 相关。根据突变模型，正则因子决定突变发生的位置，分歧因子决定突变发生的程度[172]（比如 β 越大，突变程度越大）。因此，可以把经济效应与非经济效应视为人才集聚效应均衡态的演化，则对于结构性突变有命题1。

命题1：在科研团队人才集聚效应演化中，随着任务冲突与关系冲突的变化，人才集聚效应所有发生结构性突变的位置取决于任务冲突变量，关系冲突决定突变程度的大小。

此外，根据尖点突变理论，分歧因子会对系统变量与正则变量之间的变化关系产生调节作用，即当分歧因子处于一定范围内时，系统变量会随着正则因子的连续变化而连续变化。当分歧因子在其他范围时，系统变量水平会随着正则因子的连续变化而发生离散的非线性变化[172]。根据人才集聚效应演化的动力学模型式（3.26）和式（3.27），并根据图3.2，可得出命题2。

命题2：关系冲突调节科研团队人才集聚效应和任务冲突之间的关系。具体而言，若关系冲突处于较低水平时，则人才集聚效应与任务冲突之间的变化关系为连续的变化过程，而当关系冲突处于较高水平时，任务冲突的连续变化会引起人才集聚效应水平的非线性变化。

2. 双模态与扰动性突跳

当分歧集合 $27\alpha^2 - 4\beta^3 < 0$，即在一个参数组合点下，人才集聚效应水平存在两个稳态，即双模态，它包括经济性效应与非经济性效应。人才集聚效应双模态现象为其突跳提供了理论依据。当扰动因素很强时，经济性效应与非经济效应实现均衡态间的突变。

命题 3：随着任务冲突与关系冲突的逐渐演变，当符合人才集聚效应存在双模态的条件时，外界的随机扰动会使得人才集聚效应的均衡态发生突跳（即 I 与 I^1 之间的转换），这种突跳可以是从经济性效应到非经济性效应，也可能是非经济性效应到经济性效应。

3. 结构性突变

随着任务冲突与关系冲突的不断变化，当满足 $27\alpha^2 - 4\beta^3 = 0$ 时，即使人才集聚效应当前受到外界微小的扰动影响，人才集聚效应也会通过组织跃迁，达到远离当前状态的另一个稳态，这称为"结构性突变"。

根据量变质变原理，人才集聚由非经济效应变为经济效应的过程是随着关系冲突和任务冲突的不同组合形式通过突变的方式来实现的。当关系冲突、任务冲突从 A 点开始沿着路径 A 演化，一定条件下人才集聚由于任务冲突所带来的组织性因素积累，人才集聚效应水平持续提高，当接近分歧集合边界时，即达到人才集聚经济效应和非经济效应的临界点，只要控制参数发生微小的变动，人才集聚的状态就会产生突变，从分歧集合边界的下叶突跳到上叶[182]。这也就是说，人才集聚效应水平发生突跳跃迁至上叶的人才集聚经济性稳态，产生了结构性突变；反之，也可以实现人才集聚经济效应向非经济效应的突变。

命题 4：当任务冲突与关系冲突的组合值达到分歧集合边界时，人才集聚就会形成结构性突变，这种突变是双向的，可以是从经济效应到非经济效应，也可以是相反的变化。

4. 滞后现象

滞后性是人才集聚效应演化扰动性突变的最重要特征。人才集聚效应发生结构性突变的位置随着任务冲突与关系冲突的组合从不同方向穿越 AA^1 曲线而存在差异性。比如，当从 $A \rightarrow A^1$ 时，人才集聚效应就会产生非经济性效应到经济性效应的转变，突变位置发生在 R^1 点；而从 $A^1 \rightarrow A$ 时，人才集聚效应会发生经济效应到非经济效应的转变，发生位置在 S 点，详见图 3.2。这一特征被称为"结构性突变的滞后现象"，两个突变位置的不同，说明人才集聚效应从非经济性效应到经济效应对任务冲突与关系冲突的要求程度，显著大于由经济效应到非经济效应的要求程度。而在管理实践中，低任务冲突、高关系冲突较易实现，较高的任务冲突与较低的关系冲突则需要有效的冲突处理策略与管理制度。因此，人才集聚一旦出现非经济效应，就需要花费更大的成本和时间由非经济效应转化为经济效应。

命题 5：在人才集聚效应的随机尖点突变模型中，滞后现象的存在性说明了人才集聚一旦由经济性效应转变为非经济效应，再次产生经济效应则需要更大的成本和时间。

因此，在一定条件下，人才集聚经济性效应与非经济性效应相互转化的过程，是负向的关系冲突和正向的任务冲突相互博弈的过程。对于科研团队而言，只有有效发挥、充分利用任务冲突的建设性累积效应，削减、疏导关系冲突的破坏性累积效应，保持团队适度的冲突水平，才能最大化提升人才集聚经济性效应，减少人才集聚非经济性效应。

第四节　本章小结

本章在第二章相关理论及文献综述的基础上，首先阐述了人才集聚系统劣质化与组织化的概念，采用管理熵和管理耗散结构理论剖析了人才集聚系统劣质化与组织化的作用机理。这为科研团队人才集聚效应与组织冲突关系的分析奠定了理论基础。其次，本章借鉴社会物理学中的社会燃烧理论对科研团队人才集聚效应的劣质化演化机理进行了探索性研究。研究表明，人才集聚在任务冲突与关系冲突及其相关的正负作用机制的交互影响下，随着"负贡献"的不断累积和扩大，达到一定临界条件时，产生人才集聚的劣质化。本章还采用突变理论研究了冲突条件下科研团队人才集聚经济效应与非经济效应的转化机制。从模型拟合结果看，人才集聚效应的演化符合突变模型的基本条件，人才集聚的演化发展具有双模态、突跳与滞后等突变论的基本特征。总之，社会燃烧理论的应用侧重于描述人才集聚的劣质化过程，即人才集聚经济效应转化为非经济效应的过程。突变论的应用侧重于验证人才集聚两种效应状态的彼此转化及其转化成本，即检验了人才集聚的双模态性、突变性和滞后性等突变特征。

为了更具体地探索冲突对人才集聚效应的影响机理，在随后的第四章和第五章，将基于本章的理论探讨建立相应的研究假设，通过问卷设计、调查研究获取样本数据，对组织冲突与人才集聚效应之间的关系进行更深入的实证检验，为提出组织冲突的调控方法提供理论基础。

第四章　组织冲突与科研团队人才集聚效应的理论模型和研究设计

第三章的研究界定了科研团队人才集聚效应的内涵及其特征，从双理论视角分析了组织冲突对科研团队人才集聚效应的影响机理，勾勒出了组织冲突与科研团队人才集聚效应关系的基本模型，但有关组织冲突与人才集聚效应的关系，以及其实现的具体机理这方面的研究还不多见。其原因是：① 组织冲突与人才集聚效应的研究主要局限于定性研究方面，实证研究较为缺乏。② 多数研究分析了社会资本与知识吸收能力和创新的关系，但很少关注社会资本的调节作用。基于此，本章选取社会资本、组织冲突和科研团队人才集聚效应三个变量，并依据相关文献构建了三者关系的概念模型，提出了包含于其中的理论假设。此外，本章还提出了实证研究的设计方案，包括问卷设计、变量测量、数据收集及其分析工具等，为第五章的实证分析提供理论依据和方法基础。

第一节　组织冲突与科研团队人才集聚效应

随着信息技术发展和组织内外环境的变化，团队创新以其组织结构扁平化、管理机制柔性化和创新机制协同化特征逐渐成为组织创新的主要形式。在科研团队的创新过程中伴随着人才集聚，人才集聚可以产生经济性效应，即人才集聚效应。它是指在科研团队中相关人才在和谐环境下发挥超过各自独立作用的效应，具体表现为信息共享效应、集体学习效应、知识溢出效应和创新效应等方面[22,24,26]。也可能由于专业结构、价值理念、文化背景等因素而导致冲突，致使创新失败或产生创新风险，产生非经济性效应。人才集聚经济效应和非经济效应是人才集聚过程中同时存在的组织现象，在组织冲突正负作用力的交互作用下，必然伴随着两种现象的竞争和交织，并随着组织冲突的发生、发展和调控统一于组织创新的进程之中。

在团队创新环境下，冲突是一种重要的组织行为现象，它是指合作者之间知觉或意见的分歧，通常分为任务冲突和关系冲突[66]。任务冲突是指合作者之间关于具体任务的不同看法的冲突；而关系冲突是指团队内部的人际冲突，具有让人感到紧张、烦恼、挫折和刺激的特征。任务冲突通过团队成员间的争辩和沟通，可深入全面地理解工作任务，分析问题，获取多样化备择方案，并且在激发新观点、新想法和新创意方面也起着积极的作用；而关系冲突因消极情感阻碍知识交流、共享程度和学习能力，对人才集聚产生不利影响。任务冲突通常仅发生在工作中，主要以对任务的决策及组织实施等方面的认识差异为特征；而关系冲突则超出了工作范围，主要以冲突双方的不相容为特征。因此，任务冲突是对"事"的理性行为，而关系冲突则是对"人"的情绪化行为。但是，任务冲突和关系冲突往往具有一定的相关性，并在一定条件下互相转化。在团队管理实践中，如果任务争论的一方感知到另一方在向自己表达不满时，关系冲突就有可能发生。一般而言，错误归因、认知偏好和不恰当的沟通方式等因素，有可能触发任务冲突转化为关系冲突。以错误归因为例，团队成员会将其他人提出的不同意见或观点理解为对个人的行为攻击。在沟通方式中，过激的语言和行为也容易使其他成员产生愤怒、沮丧和挫折感，从而引发关系冲突。因此，在管理实践中，应尽力消除沟通误解，并把工作和人际关系加以区分，减少或降低任务冲突向关系冲突的转化风险。

本章的假设部分主要探讨组织冲突（任务冲突和关系冲突）与科研团队人才集聚效应的关系，并未考察任务冲突与关系冲突的相关性。本章主要基于以下考虑：① 在以往组织冲突与人才集聚效应的相关研究中，并未对冲突类型进行区分，而是从整体上分析其对人才集聚效应的影响。这难以从理论上清晰界定哪种冲突形式发挥了建设性作用，哪种冲突形式起到了破坏性作用。② Jehn（1995 年）的研究有助于从理论上把组织冲突区分为任务冲突和关系冲突，为进一步研究组织冲突对人才集聚效应的影响提供了思路。③ 任务冲突与关系冲突的界定一方面有助于正确理解组织冲突的效能，另一方面也有助于从理论和实证的角度把握不同类型冲突在影响科研团队人才集聚效应方面所产生的不同作用机理。

一、任务冲突与科研团队人才集聚效应

任务冲突是一种与任务相关的冲突形式，主要由组织或团队决策时异质性意见或分歧而产生。由于团队成员的认知差异是客观存在的，因此，任务冲突也是不可避免的。通常，在团队管理过程中，运用任务冲突能够提升战略决策的质量和效益[183]。在任务冲突中，团队成员围绕决策问题或具体任务充分探讨、广泛交流，一方面可以更加系统、深入地理解决策任务，分析现实情况与可能存在的问题，通过发散性思维得到更多的可选方案；另一方面，也可以促进团队成员更好地分享各种信息，提高决策水平与组织绩效。

任务冲突是基于任务的不同观点而产生的冲突。尽管有研究指出，从信息处理的视角任务冲突增加了认知成本，干扰了信息处理的灵活性和创造性思维的产生，阻碍团队绩效的提升[184]，之后这一观点也得到了部分学者的支持[185]。但是，以上研究并未指出任务冲突不具有建设性的一面，或者否定任务冲突的积极作用。比如，有研究者认为，在一定的条件下，任务冲突对于组织或团队是有益的，特别是对于非例行的工作任务[186]。根据

任务冲突的概念，任务冲突因团队成员对于任务内容、实施过程等方面的意见不一致而产生，包括观点分歧、想法相左与意见不一致等方面。从理论意义上说，任务冲突对于科研团队人才集聚效应的积极作用主要表现在以下方面：① 任务冲突促使团队成员从多样化视角出发，提出大量的观点和建议，这在客观上形成了"百花齐放、百家争鸣"的局面，增强了团队内部知识、信息交流与沟通能力，降低了信息交易成本，加快了信息的有效聚合，促进了信息共享效应。② 任务冲突增加了团队成员重新审视任务的倾向，使团队成员致力于深入思考与任务相关的信息，从而产生多样化观点与多视角反思，挑战了团队或组织的固有思维模式与行为假设，有助于产生高效的创造性思维[187]。因此，任务冲突一方面降低了学习成本，营造了相互学习的机会，培养了团队及其成员的学习能力，有利于团队成员的集体学习效应；另一方面，团队成员畅所欲言，信息充分交流，可以形成发散性思维，充分发挥成员的思想碰撞与融合，激发灵感与创新活力，产生智慧聚合效应，能够促进隐性知识的交流、沟通与学习，产生创造性思维，促进了新知识的生产和发展，促使科研团队更具高效和富于创新性，同时也避免了群体思维的负面影响[66]，从而可以有效地发挥科研团队人才集聚的知识溢出效应和创新效应。③ 任务冲突通过采用辩问和提出诘难等相互作用技术与方法，激发成员的质疑精神，鼓励团队成员在讨论中接受冲突，公开观点，大胆批评甚至针锋相对，从而进行辨证的思考和讨论，促使异质性观点的竞相迸发，产生有效的问题解决方案和创新方法，提高团队创新决策的理解力与决策质量，从而提高人才集聚的创新效应。正如Eisenhardt 等[188]指出的那样，任务冲突能够有效关注具体问题，并展开积极"争论"，而不是基于个性或人际喜好。这种"争论"通过激发想象力产生了更多的不同意见，可以促进自我反思、自主学习，加深了对问题的认识，产生了更多解决问题的机会。如果没有任务冲突，团队将缺乏创新活力，导致人才集聚的非经济效应。因此，可以提出以下假设。

H1a：任务冲突对科研团队信息共享效应具有显著的正向影响。

H1b：任务冲突对科研团队集体学习效应具有显著的正向影响。

H1c：任务冲突对科研团队知识溢出效应具有显著的正向影响。

H1d：任务冲突对科研团队创新效应具有显著的正向影响。

二、关系冲突与科研团队人才集聚效应

关系冲突是由人驱动的，往往由于个性不兼容或人际关系方面的摩擦、工作中的误解，以及挫折等因素而产生紧张、沮丧等的消极情绪[189]。关系冲突远远超出了工作任务范畴，表现为冲突者之间的彼此对立或不相容性，即关系冲突主要是针对主体的情绪化行为。因关系冲突而引起的威胁和焦虑情绪阻碍了团队成员的信息处理能力，因为成员会将原本用于任务或工作的资源或精力用于处理人际关系危机。关系冲突削弱了人才集聚效应，因为消极情绪对于知识交流、共享与应用和创新资源的配置具有极大的阻碍作用[169]。① 从人才个体层面，对个人认知、情绪等心理因素具有消极影响。比如，阻碍人才之间的信任关系，产生人际交往困境，出现误会、扭曲、态度消极等现象，可降低团队成员之间的心理安全，使成员之间的沟通学习渠道受阻，促使团队成员不愿意共享知识，降低团队协作和组织凝聚力，产生知识转移过程中的知识黏性，进而对人才集聚集体学习绩效、知识共享效应产生不利影响。正如多数研究者所指出的，关系冲突对于集体学习效应具有负面影响[190]。此外，关系冲突会产生风言风语，甚至仇视心理，这些都会对人才的心理和行为造成一定的消极影响，出现工作松懈、士气低落、责任感和忠诚度降低的现象，从而降低人才创新效能。正如Jehn 和 Mannix[191] 指出的，关系冲突对团队决策质量有不利影响，即关系冲突促使成员把时间和精力花费在人际关系上，以至于降低了创新绩效；同时，关系冲突增大了成员的压力与心理焦虑情绪，影响了团队成员的认知功能。② 从团队层面，对团队目标、协同创新带来不利影响。造成偏见增

加，合作减少，协调困难，陷入群体思维陷阱，导致创新风险增加，创新成本提高。冲突降低了团队的沟通能力，僵化了思维模式，不利于人才想象力的发挥和团队创新能力的提升。艾森哈特（Eisenhardt）等[188]认为，关系冲突负向影响了团队进程与组织创新绩效。因此，关系冲突降低了知识共享意愿，减少了知识信息流动频率，阻碍了团队人才集聚的知识溢出效应与创新效应。③ 从资源配置层面来看，由人际关系危机导致资源互相竞争[192]。由于在中国社会中，关系通常被解读为面子与关系，因此，面子与关系就成为资源分派不公平的重要来源，导致"亲多疏少"，造成配置效率低下，浪费严重，致使解决问题能力下降，合作能力不足，创新性不够，从而削弱人才集聚的集体学习效应与创新效应，出现人才集聚不经济性。

H2a：关系冲突对科研团队信息共享效应具有显著的负向影响。

H2b：关系冲突对科研团队集体学习效应具有显著的负向影响。

H2c：关系冲突对科研团队知识溢出效应具有显著的负向影响。

H2d：关系冲突对科研团队创新效应具有显著的负向影响。

第二节　社会资本的调节效应

既有研究表明，组织冲突与人才集聚效应密切相关。为了获得对于组织冲突与人才集聚效应关系更加科学、深入、全面的解释，需要考虑组织冲突在一定的情境下对人才集聚效应的影响。为此，应该在组织冲突与人才集聚效应的简单双变量模型中加入调节变量。调节变量制约着组织冲突与人才集聚效应之间关系的边界条件，影响着组织冲突和人才集聚效应之间关系的强度和方向。调节变量可以分为组织外部因素（外部环境、行业特征等）与组织内部因素（个体差异、沟通、结构等）。对于组织冲突而言，内部因素起着更为重要的作用。本研究拟选取组织冲突管理中重要的权变变量——社会资本，作为调节变量，研究社会资本对于组织冲突与人才集聚效应的调节效应。

　　尽管社会资本切实影响到了组织冲突的发生及其调控机制，同时社会资本和组织冲突之间的关系也对人才集聚效应产生了重要影响[193]。但是，作为重要的权变变量，社会资本在组织冲突相关的实证研究中较少受到学者们的关注。仅有个别学者研究了社会资本在组织冲突与创新绩效、冲突与决策效果、冲突管理与创新绩效之间关系的调节作用。比如，有学者采用单维度概念研究社会资本对组织冲突与决策效果关系的调节作用[141]，也有学者采用两维度社会资本探讨组织冲突与创新之间关系的调节作用[140]。总而言之，单维度社会资本作为调节变量显得较为笼统，不够具体，不能反映社会资本的结构差异性；双维度社会资本尽管考察了结构差异性，但尚不够全面，无法体现社会资本的整体特征和丰富内涵。

　　根据已有研究，社会资本是一种关系资源，嵌入于人际、群体和社会网络之中[125]。社会资本具有多个维度，不同维度对组织冲突与人才集聚效应关系的调节效应具有差异性。关于社会资本维度的划分，相关研究比较丰富，对其表述复杂多样，比如两维度、三维度、四维度等。其中，Nahapiet 和 Ghoshal[126]的分类比较经典，得到了多数学者的认可。他们认为，社会资本包括结构资本、关系资本与认知资本三个维度。其中，结构资本是指团队内外的社会网络、网络结构等，通常包括网络联结、网络配置和情感联系等方面；关系资本是指团队成员之间的信任水平、支持、规范、义务与期望、互惠行为与责任等，重点在于如何通过人际关系的创造和维持来获取稀缺资源。结构资本描述了团队中社会资本的存在性，而关系资本则描述了社会资本存在的质量。认知资本是网络中的认知范式，包括团队成员所共有的语言、观点、解释、共享愿景、心智模式和价值观一致性等。与关系资本相比，认知资本也是团队社会资本质量的重要测度和描述指标。相对而言，关系资本侧重于联系的关系质量，而认知资本侧重于联系的认知质量。此外，Nahapiet 和 Ghoshal[126]也指出，社会资本三个维度具有一定的相关性，表现为结构、关系与认知间的互相影响、彼此促进。比如，结构资本促进了交流、沟通，有利于增强信任关系，从而正向影响关系资本；认知资本基于共同的价值观和心智模式，从而为关系资本的提升提供了心理支撑；结构资本通过互动沟通加深了认知资本，反过来，具有共同愿景的双方会主动沟通与交流，从而形成了结构与认知的良性循环。根据本书的研究内容和目的，本节旨在分析社会资本三个维度的调节作用，故对于社会资本三个维度之间的关系暂未作深入探讨。因此，本研究借鉴 Nahapiet 和 Ghoshal[126] 的分类法分别考察社会资本的结构资本、关系资本和认知资本分别对组织冲突与人才集聚效应关系的调节作用。

一、结构资本的调节效应

中国社会注重社会和谐，崇尚"家和万事兴"，稳定压倒一切，这使得人们倾向于避免发生冲突，即使发生冲突也会采取合作或妥协的策略，以维持和谐、安定的局面。结构资本是指通过规则、程序建立起来的团队网络，包括网络联结和配置等方面。网络强联结以正式或非正式沟通的方式为团队成员提供了更多交流机会，有利于个体进行信息、资源的交换与整合，促进了知识共享，并解决冲突过程中的问题，提升成员的吸收能力和学习能力。此外，从另一个角度看，当任务冲突发生时，成员之间往往会针对某一工作或任务事件出现了众多的不一致意见，非正式沟通的方式交换观点和看法，可避免正式场合中的公开冲突，维护团队和谐[194]。在和谐氛围影响下，团队成员还可以通过非正式沟通可以提出多样化、异质性和互补性问题解决方案，从而增强了任务冲突的积极效果。Uzzi[195] 的研究发现，社会资本的结构嵌入提高了知识分享频率和质量，更易于产生隐性知识交流和吸收，增强团队成员共同解决问题的能力，通过问题反馈提升决策者的工作绩效，增强知识学习能力，能够更深层次地探求问题解决方案。同样，Heide 和 Miner[196] 认为，当团队成员存在冲突时，紧密的社会联结能够形成更强的社会网络，增强彼此的互动频率，团队成员凭借完善的联系机制获取所需要的重要性、互补性的有价值信息，从而提高共享问题解决方案的努力，帮助团队成员更加有效地解决意见冲突。因此，强联结所带来的非正式沟通渠道，促使团队领导及其成员认识到对于任务的不同理解以及综合考虑差异的价值。此外，密度较高的网络有利于增强组织聚合力、吸引力，增进彼此信任，降低交易成本，减少团队成员出现机会主义行为的概率，从而实现信息的充分沟通与共享，发挥人才集聚信息共享效应。以上观点揭示了在高水平结构资本条件下，团队应该积极利用任务冲突所出现的不同观点或看法，促进人才集聚经济效应。

H3：任务冲突和科研团队人才集聚效应之间的积极关系受到结构资本水平的调节。社会资本的结构资本水平越高，这种积极关系也越强；反之，积极关系就越弱。

社会资本的结构维度是一把"双刃剑"，即社会资本的结构维度不仅可以提高任务冲突的积极作用，也会强化关系冲突的负面影响。关系冲突导致消极情感，如焦虑、愤怒或者沮丧等。在强联结关系下，由于互动机会的增多与交流频率的提高，在一定程度上导致消极情绪在团队内部迅速传播。具体来说，当团队成员对其他成员表现出不满或敌意时，这种消极情绪由于密集的互动网络更容易被触发，产生消极、紧张关系的放大效应，引起人际关系危机。密集互动的危险性，可能导致破坏性冲突的不断升级[185]，造成团队成员产生诸多的心理问题，如压力增大、心情抑郁等，导致成员心理极度不安全，甚至出现情绪失控或不理智行为，从而抑制了知识分享意愿和行为，降低了知识创新的速率，更加剧了关系冲突对人才集聚效应的负向作用。因此，尽管结构资本能够厘清成员之间的分歧，但是这种互动也导致情感冲突的破坏性，制约了团队的协同创新。

H4：关系冲突和科研团队人才集聚效应之间的消极关系受到结构资本水平的调节。社会资本的结构资本水平越高，这种消极关系也越强；反之，消极关系就越弱。

二、关系资本的调节效应

关系资本是指如何通过人际关系的创造和维持来获取稀缺资源，主要表示成员间关系的情感质量，通常包括信任、支持、规范、义务与期望、互惠行为与责任等测量指标。其中，信任被普遍认为是关系资本的最主要元素，它可促使人们更倾向于采取互惠的共同行为。科研团队中的信任是指团队成员对团队的创新任务承担风险的意愿，涉及团队成员之间开展合作、共享信息甚至被团队控制的意愿[141]。任务冲突与科研团队人才集聚效应之间的积极关系会因关系资本的存在而受到削弱。信任关系的建立和提升，降低了冲突水平，促进了知识流动，但是它对创新的影响是复杂的。Langfred[197]发现，信任限制了人才对于不同观点和行为的批评，即信任减少了互相监督、提出质疑的倾向。因此，高水平的关系资本降低了任务冲突对于人才集聚效应的有效性。高度的关系资本促进了一致性意见的形成，减少了异质性观点和建设性意见的数量，抑制了隐性知识的溢出，降低了创新效应。此外，在高信任条件下，冲突性观点或许被认为是有违信任规范的行为。因此，由信任所产生的团队合作精神与和谐氛围，在一定程度上削弱了团队有效利用建设性冲突的积极影响。同时，团队成员具有一致的心智模式和相同的价值理念，会使他们产生较高的信任和一致的行为规范，在讨论问题或发表意见时，会顾忌他人的想法，更注重求同存异，出现从众效应或"一言堂"形式。这严重制约了成员畅所欲言的程度，达不到激发灵感、知识溢出的目的，并导致任务冲突对人才集聚效应的建设性作用降低。

H5：任务冲突和科研团队人才集聚效应之间的积极关系受到关系资本水平的调节。社会资本的关系资本水平越高，这种积极关系也越弱；反之，积极关系就越强。

高度信任关系减少了团队成员的机会主义行为，从而使不确定性和焦虑所造成的消极情绪降低。Mayer[198]认为，信任反映了团队成员的彼此尊重和互惠互利，而不会为了自身利益损害他人的情感。同样，因为信任能够有助于维持和提升人际和谐，成员之间对彼此的行为有积极的预期、宽容与认同，在关系冲突中更具开放性、理解性和包容性，从而能够增强彼此的心理安全感[199]，愿意分享资源，这样也有利于成员之间的知识交流。信任作为一种道德机制可以最小化由于关系冲突所造成的消极影响。相反，低水平关系资本不能产生对关系冲突的积极作用，即低度信任或不信任通常会导致消极情绪的"马太效应"。换言之，信任水平较低的团队因信息共享动力和愿望的不足，对信息共享有可能造成限制，甚至破坏作用，从而阻碍了知识的有效创新。此外，虽然团队成员的知识结构、专业背景和文化习俗存在差异，但是，如果具有共享价值理念和共同的语言，将减少破坏性冲突发生的概率，触发积极组织行为，有助于沟通协作和集体学习。

H6：关系冲突和科研团队人才集聚效应之间的消极关系受到关系资本水平的调节。社会资本的关系资本水平越高，这种消极关系也就越弱；反之，消极关系越强。

三、认知资本的调节效应

认知资本是指网络成员所共有的语言、观点、解释、愿景、心智模式和价值观一致性等。认知资本描述了团队成员间联系的认知质量，属于社会资本最深层次的内涵。许多相关研究中把"共同愿景"作为测量认知资本的变量，即团队成员形成对团队目标与使命统一的认识和承诺，促使成员对不同行动的可能结果产生一致的预期[141]。认知资本对任务冲突与科研团队人才集聚效应之间的关系起着积极的调节效应。共同愿景会促使团队成员接受与认同组织目标，超越个人利益，将组织的荣辱与自己的行为紧密相连[200]，从而产生积极的组织行为。同样，共同愿景也会使得团队成员产生"家"的感觉，促使其享受团队的温暖和安全，并对团队产生角色外行为[201,202]。因此，当团队成员具有共同愿景时，成员在任务冲突中会积极进言，大胆提出自己的想法或问题解决方案，而不会更多地考虑自己的得失或风险，从而有助于团队任务冲突的开展，增加异质性观点和建设性意见的数量和质量，进而有利于成员间隐性知识的沟通、溢出，有利于产生人才集聚知识溢出效应与创新效应。此外，共享愿景一方面增强了团队的聚合力，提高了人际信任，有效地控制了成员间的投机行为，为共享信息提供了明晰的框架和规范，从而在任务冲突中会表现出更强的知识共享意愿，知识共享效率更高，创新效应更为显著；另一方面，共享愿景也促使团队成员拥有共同的创新目标与相似的价值规范，从而对于团队任务具有清晰一致的认识，拥有目标一致性感知，促使成员形成以认同为基础的合作关系[203]。正如刘艳[204]所指出的，在团队成员具有认同感的前提下，信息分享与决策变革更便利，提高了团队的信息获取与交换能力。类似地，谢洪明等[150]人的研究也证实，共享愿景对于信息处理及知识整合具有积极作用。

H7：任务冲突和科研团队人才集聚效应之间的积极关系受到认知资本水平的调节。社会资本的认知资本水平越高，这种积极关系也就越强；反之，积极关系就越弱。

共同愿景是企业文化的重要体现，集中表现了组织的目标和战略，对组织成员的思想、认知和行为取向具有积极的影响。拥有共同愿景的团队成员能够互相理解、彼此包容，并聚合在一起为共同目标不懈奋斗，可有效避免或化解了关系冲突，促进组织高质量关系的形成，并对知识传播与整合产生促进作用[205]。同时，共享愿景有助于产生认知冲突，可以实现信息共享，提升人力资本投资水平，激励团队成员提高自身知识转化水平，增强团队学习能力。正如 Kise[206]等研究表明，共同愿景可以提高团队成员的信任度，增强彼此间积极行为的倾向，从而减少任务冲突转化为关系冲突的概率。也就是说，共同愿景通过提高团队成员之间的信任和价值观一致性，提升成员对组织的情感承诺[207]，增强团队成员之间的情感依赖和使命感，从而形成团队内部融洽的合作关系和大局意识，使得团队成员在面对关系冲突时，不以一己情绪而行动，能够细察自己的焦虑、愤懑、沮丧甚至敌对情绪对团队其他成员及团队目标的影响，并进行系统性全局性考虑，兼顾内外和谐关系，从而有效缓和彼此因关系冲突出现的紧张人际关系，提升团队的和谐和人际信任，进而降低破坏性冲突的升级速度和负面影响，从而有效减少关系冲突发生的风险[208]。

H8：关系冲突和科研团队人才集聚效应之间的消极关系受到认知资本水平的调节，社会资本的关系资本水平越高，这种消极关系也就越弱；反之，积极关系也就越强。

第三节　假设汇总与概念模型

基于相关研究及上述理论论证分析，本研究共提出相应的需要检验的假设共 14 个，这些假设都属于开拓性假设，即这些假设尚未被其他学者提出，或虽然有相关的理论分析，但没有经过经验研究的证实。这些假设包括任务冲突、关系冲突分别对科研团队人才集聚效应（信息共享效应、集体学习效应、知识溢出效应与创新效应）的影响，社会资本的三个维度即结构资本、关系资本与认知资本分别在任务冲突、关系冲突与科研团队人才集聚效应之间关系的调节作用。如表 4.1 所示。

表 4.1　本书研究假设总结

假设编号	假设内容
H1a	任务冲突对科研团队信息共享效应具有显著的正向影响
H1b	任务冲突对科研团队集体学习效应具有显著的正向影响

假设编号	假设内容
H1c	任务冲突对科研团队知识溢出效应具有显著的正向影响
H1d	任务冲突对科研团队创新效应具有显著的正向影响
H2a	关系冲突对科研团队信息共享效应具有显著的负向影响
H2b	关系冲突对科研团队集体学习效应具有显著的负向影响
H2c	关系冲突对科研团队知识溢出效应具有显著的负向影响
H2d	关系冲突对科研团队创新效应具有显著的负向影响
H3	任务冲突和科研团队人才集聚效应之间的积极关系受到结构资本水平的调节。社会资本的结构资本水平越高，这种积极关系也就越强；反之，积极关系就越弱
H4	关系冲突和科研团队人才集聚效应之间的消极关系受到结构资本水平的调节。社会资本的结构资本水平越高，这种消极关系也就越强；反之，消极关系就越弱
H5	任务冲突和科研团队人才集聚效应之间的积极关系受到关系资本水平的调节。社会资本的关系资本水平越高，这种积极关系也就越弱；反之，积极关系就越强
H6	关系冲突和科研团队人才集聚效应之间的消极关系受到关系资本水平的调节。社会资本的关系资本水平越高，这种消极关系也就越弱；反之，消极关系就越强
H7	任务冲突和科研团队人才集聚效应之间的积极关系受到认知资本水平的调节。社会资本的认知资本水平越高，这种积极关系也就越强；反之，积极关系就越弱
H8	关系冲突和科研团队人才集聚效应之间的消极关系受到认知资本水平的调节。社会资本的认知资本水平越高，这种消极关系也就越弱；反之，积极关系就越强

本研究试图从理论的视角探讨组织冲突对科研团队人才集聚效应的影响机制，将社会资本划分为结构资本、关系资本与认知资本。具体研究任

务冲突、关系冲突和科研团队人才集聚效应及社会资本之间的关系。

根据上述理论分析，本书作者认为组织冲突对科研团队人才集聚效应有显著的影响，具体而言，任务冲突对人才集聚效应产生正向效应，即任务冲突有利于人才集聚的信息共享效应、集体学习效应、知识溢出效应和创新效应，关系冲突对人才集聚效应产生负向效应，即关系冲突不利于人才集聚信息共享效应、集体学习效应、知识溢出效应和创新效应。组织冲突与科研团队人才集聚效应的关系，必然伴随着组织情景因素的制约和影响。作为一种重要的组织变量，社会资本在组织冲突和科研团队人才集聚效应的关系中必然承担着重要的角色，起到一定的调控作用。因此，引入社会资本变量后，社会资本对组织冲突与人才集聚效应之间关系起着显著的调节作用。具体而言，社会资本的结构资本、关系资本与认知资本，分别对任务冲突与科研团队人才集聚效应之间的关系起显著的调节作用。社会资本的结构资本、关系资本与认知资本，分别对关系冲突与科研团队人才集聚效应之间的关系起显著的调节作用。

基于组织冲突理论、人才集聚理论和社会资本理论，本研究通过对核心变量间关系的梳理，提出了一系列研究假设，进而按照"冲突—社会资本—人才集聚效应"的研究思路，初步构建了组织冲突对科研团队人才集聚效应影响机制的概念模型，如图4.1所示。其主要目的在于研究任务冲突与关系冲突对科研团队人才集聚效应的影响，以及社会资本在任务冲突和关系冲突分别与科研团队人才集聚效应之间关系的调节作用。可见，任务冲突和关系冲突分别与人才集聚效应存在直接关系，社会资本的结构维度、关系维度与认知维度与人才集聚效应具有间接关系，表现在对组织冲突与人才集聚效应的关系起调节作用。

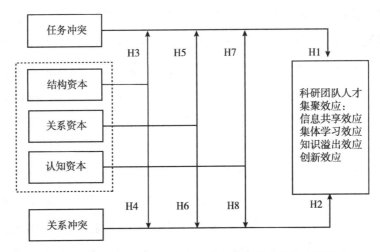

图 4.1 组织冲突、社会资本与人才集聚效应的概念模型

第四节 研究设计

在回顾相关文献的基础上，本研究提出了理论假设。李怀祖[209]教授在《管理研究方法论》一书中指出，假设是对某种行为、现象或事件作出的一种合理的、尝试性的并有待检验的解释[210]。假设是研究者对于研究结果的一种预期，对于研究问题中变量间关系的一种设想。假设提出后，需要采用收集的数据和事实来检验，验证结果是否成立。其中，最为关键的环节为概念化过程如何转化为可操作的研究过程[210]。此外，根据管理研究方法理论，在实证研究中，数据收集与观测通常有实验研究、统计研究、实地研究，以及无干扰研究的等多种形式。其中，统计研究中的问卷法与访谈法是最为常用的数据调研方法。本研究拟主要采用问卷法搜集数据。但由于问卷使用中存在的许多问题，比如问卷设计不完善、不科学、不严谨等方面，使如何设计科学合理的问卷成为实证研究的重要问题。因此，本研究首先阐述问卷设计的思路，详述变量指标的测度过程，具体分析样本的收集及其统计分析过程。

一、问卷设计

1. 问卷设计的基本内容及原则

本研究的主要目的在于厘清组织冲突对科研团队人才集聚效应的影响机理，以及在社会资本的作用下组织冲突与科研团队人才集聚效应关系的变化机制。它主要包括任务冲突和关系冲突分别对科研团队人才集聚效应的作用过程，以及社会资本三个维度对组织冲突与人才集聚效应之间关系的调节作用过程。因此，本研究调查问卷的主要内容包括：① 被试者及其所在企业或团队的基本信息，包括被试者的性别、受教育程度、团队规模、团队成立年限、团队类型等方面，主要分析样本团队的基本情况，结合相关研究文献与本研究内容及目的，为实证分析提供潜在的控制变量。② 组织冲突包括任务冲突与关系冲突的基本信息，主要用于分析两种冲突的基本状况，为本研究的实证研究提供自变量数据资料。③ 科研团队社会资本的基本信息，用于分析社会资本各维度的基本状况。④ 科研团队人才集聚效应的基本信息，主要用于分析科研团队人才集聚效应各维度特征的基本情况。

调查问卷设计的基本作用在于设计出符合研究需要并且能够获取准确、足够、有效的信息资料。为此，为提高问卷设计的质量，并保障收集数据的有效性与可信性，本研究遵循以下原则。

（1）目的性原则。问卷的首要目的在于为研究分析提供可靠的数据资料。本研究主要围绕组织冲突与科研人才集聚效应，以及社会资本等主题设计问题。

（2）逻辑性原则。逻辑性主要考察问卷的逻辑顺序是否符合先易后难、先简后繁、先具体后抽象的原则。这样有利于问卷的填答，并确保问卷信息的准确无误。

（3）非诱导性原则。非诱导性原则要求设计问卷时避免使用引导性语言，以免给被试者产生先入为主的印象，被试者完全依靠其独立性和客观性填答问卷。

（4）一般性原则。一般性原则强调了问卷设计的普遍性。本研究在相关文献回顾的基础上，学习并借鉴相关问卷的设计经验，以保证问题设计的准确无误。

（5）明确性原则。明确性原则，即问题设置的规范性，主要指问题是否准确，问题是否清晰明了，以及被试者是否能够明确地回答问题等。这直接关系到问卷的有效性。

（6）方便处理的原则。方便处理的原则要求被调查者的回答便于进行检查、数据处理和分析。问卷在调查完成后，是否能够方便地对所搜集的信息进行审核，以判别其正确性和有效性，并是否便于对调查数据进行整理和统计分析[211]。

2. 问卷设计的方法及其流程

问卷设计是实证研究中获取有效数据不可或缺的关键步骤，其本身设计的科学性、合理性和规范性直接影响到问卷的填答质量与回收处理效率，从而影响数据的信度与效度，最终影响研究结论的有效性与可信性。因此，为了能够设计出科学、合理、有效的问卷，本研究主要采用了以下四个方法。

（1）借鉴或采用国内外文献中已使用的量表。国内外相关经典文献中的成熟量表一般都具有较高的信度和效度，具有一定的移植性和通用性。本研究中社会资本量表主要借鉴国内外文献中的相关量表，并根据研究问题及使用背景进行适当修正。

（2）自行设计量表。在本研究中，有些变量的量表并没有直接的量表作为借鉴或采用，本研究主要依据相关文献资料，对相关概念进行界定分解，搜寻自变量的相关量表；同时，通过研究小组讨论或向相关专家征询意见初步完成问卷题项，之后向企业或高校的科研团队管理者与科研人员进行咨询，对问卷题项做进一步修改和完善，并形成初稿问卷。

（3）实地访谈法。本研究以科研团队为载体，在问卷设计的整个阶段中，利用参与课题的机会，对部分省会城市的企业与高校的科研团队进行了实地调研与访谈，主要就问卷内容、形式、题项设置、语言专业性与通俗性等方面同相关人员进行了探讨和交流，获得了一些科研团队运作流程、科研人员创新过程、团队社会网络以及团队人才分布、人际关系等方面的资料信息及意见和建议，从而使问卷设计具有现实基础。

（4）咨询相关专家的建议。在问卷设计的整个过程中，笔者首先同本科研团队的专家进行沟通探讨，征询其对问卷设计的修改意见；在问卷设计初步完成后，又向人力资源、社会资本等领域方面的专家学者征询意见和建议，对问卷进行多次修改、补充。

此外，借鉴刘雪峰[212]的研究，本研究中问卷设计主要包括以下流程。

第一步，设计测度题项。笔者阅读了大量有关组织冲突、人才集聚效应、社会资本等相关文献，这些文献中的理论构建和实证设计思路为本研究提供了宝贵的借鉴和启示，以此为基础，并根据本研究的内容和主题，初步设计了相关测度题项。

第二步，与相关专家讨论修改测度题项。相关专家包括长期从事人力资源开发与管理研究、社会资本、社会网络研究的教授、副教授、博士等。探讨的主要内容有：① 针对概念模型中的变量关系，同相关专家交流、探讨，并征询意见。② 对变量的具体测度指标的选取和修改，征询专家建议。

第三步，与相关科研团队专家讨论变量的设计问题。本研究选取了三个科研团队，包括两个高校科研团队（南京航空航天大学经济管理学院人力资源研究所、太原理工大学经济管理学院人才集聚研究团队）、一个企业科研团队（山西新华防毒面具研究所）。笔者分别与这三个科研团队的管理者和科研工作者进行了访谈。访谈内容涉及概念模型设计的合理性与科学性、对初始量表的意见，如量表的通俗性、可理解性与合理性等方面。以此为基础，对问卷反复进行修改，进一步完善调查问卷。

第四步，通过预测试问卷，进一步修改完成问卷设计。笔者将 20 份问卷通过邮寄或电子邮件发给相关科研团队管理者和科研人员进行问卷的预试，根据问卷的回收情况，以及对问卷的意见和建议，对问卷题项的语言表达、题项顺序进行完善，并形成最终的调查问卷。

二、变量测量

本研究概念模型中所涉及的变量都属于难以直接测量的潜变量。为此，本研究采用五点李克特量表法进行测量。其中，1~5 依次表示为"非常不认同""不认同""不确定""认同""非常认同"；或者表示为"完全不同意""不同意""不确定""同意""完全同意"。

基于相关文献，本研究分别对组织冲突、人才集聚效应、社会资本等变量进行了测度。

1. 组织冲突

组织冲突是科研团队中客观存在的现象，组织冲突的性质和冲突的水平对于科研团队的有效性具有重要影响。为此，国内外学者较早对组织冲突及其维度进行了深入研究。

自 Coser[57] 提出任务冲突与情绪冲突以来，许多学者对冲突的维度及其测度都进行了研究。如 Priem 和 Price[64] 提出了认知冲突和社会冲突的分类方法，并指出认知冲突与任务有关，而社会冲突与人的情感有关。随后，Amason 和 Schweiger[65] 进一步将冲突划分为认知冲突和情感冲突。在借鉴相关文献的基础上，Jehn[213]又进一步把冲突区分为情感冲突和任务冲突。Je-hn[66]还提出了任务冲突与关系冲突的类型。1997 年，他又把冲突分为任务冲突、关系冲突与过程冲突三个维度[68]。国内外多数学者对于冲突的测度多引用或借鉴 Jehn 教授的冲突分类方法与维度测量方法。如 Pelled、Eisen-hardt 和 Xin[214]采用 7 级量表测量任务冲突和关系冲突，两者分别包括 4 个题项，量表的信度和效度均符合实证研究的统计学要求。柳青[215]在研究新企业团队异质性与绩效关系时，探讨了团队冲突的中介作用，其中团队冲突变量测量主要借鉴了 Jehn（1995 年）的研究量表。因此，参考上述有关冲突的相关文献，本研究主要借鉴 Jehn[66]教授的研究成果，把冲突分为任务和关系两个维度进行测度，详见表 4.2。

表 4.2　任务冲突与关系冲突的测度

变量	编号	测度题项	来源或依据
任务冲突	TC1	团队成员经常对于研发项目或合作任务有不同的意见或看法	Jehn（1994 年，1995年，1997 年）；Pelled，Eisenhardt，Xin（1999年）；柳青（2010 年）
	TC2	团队成员经常在任务的实施方面有冲突性观点	
	TC3	团队成员经常在工作任务问题上存在分歧	
	TC4	团队成员对工作的想法与其他团队成员有所不同	
	TC5	团队成员常从不同视角对工作任务进行讨论	
关系冲突	RC1	团队成员在一起工作时经常会心情沮丧	
	RC2	团队成员关系比较紧张	
	RC3	团队成员不能很好地融洽相处	
	RC4	团队成员通常不喜欢彼此沟通	
	RC5	团队氛围总是不和谐	

2. 科研团队人才集聚效应

通过检索国内外相关文献可以发现，人才集聚效应的相关实证研究并不多见，只有少数学者从宏观区域或中观产业的视角对人才集聚效应进行了评价分析，如王奋[106]基于知识生产模型，对我国区域人才集聚效应进行了评价。张同全等[93]从行业视角对我国长三角、珠三角和胶东半岛的制造业人才集聚效应进行了比较分析。这些研究尽管对论文的研究思路提供了借鉴，但以上研究一方面侧重于宏观的人才集聚效应评价，另一方面还算不上规范的实证研究。因此，对于微观科研团队层次的研究还相对匮乏，尚没有团队层次的人才集聚效应的测度指标。

根据前文研究，科研团队人才集聚效应是指具有一定联系的人才，在一定的团队空间内以类集聚，在和谐的内外环境作用下，在彼此沟通、协作、共享和共生中产生了分工协作关系，降低了知识交易成本，实现了知识获取、吸收、整合、创新与应用，从而形成了整体创新效应。科研团队人才集聚效应具有信息共享效应、知识溢出效应、集体学习效应与创新效应等四个基本特征。

综上所述，科研团队人才集聚效应可以从信息共享效应、知识溢出效应、集体学习效应与创新效应等四个维度进行测量分析。

（1）信息共享效应。王丽丽[216]设计了知识共享量表，包括共享效果、共享行为与共享意愿三个维度共14个指标。比如，"加入团队后扩展了知识和经验""当我向同事寻求帮助时，他们总会愿意跟我分享经验和窍门"。王怀秋[217]把知识共享区分为知识吸收与知识传播两个维度。Birgit[218]在研究管理信任与知识共享时，提出知识共享包括5个条目，如愿景、明确的要求与数据、技术、流程和报告、项目结果等。Chiu等[219]从社会资本和社会认知理论的视角探讨了虚拟社区中的知识分享，指出知识分享包括分享语言、分享质量与分享愿景三个维度，比如"虚拟社区中分享学习目标""虚拟社区中分享知识很便捷"等。在信息共享方面，多数学者侧重于研究供应链中企业之间的信息共享问题。如Abdurrahman[220]使用20个题项测度组织的信息共享水平。Cai等[221]采用5个题项对信息共享程度进行了测量。参考上述研究，结合科研团队的创新管理实践与征询专家意见，本研究将采用三个题项来测度科研团队人才集聚效应的信息共享效应，见表4.3所示。

表4.3 信息共享的测度

变量	编号	测度题项	来源或依据
信息共享	IS11	共享知识或信息是习以为常的事情	王丽丽（2010年）；Birgit（2008年）；Chiu（2006年）
	IS12	知识或信息可以较容易在团队内部得到	
	IS13	团队成员具有共享信息的意愿	

（2）集体学习效应。人才集聚效应的集体学习效应强调集体学习是学习隐性知识的机会，同时，集体学习为开放式创新提供了途径与方法。集体学习效应变量的测度，目前还没有直接的量表可供直接使用。因此，本书拟在分析组织学习测度的基础上设计集体学习效应的测度题项。Senge[222]指出，组织学习是一种能力，这种能力要求组织成员不断加深对组织的理解，从而使组织决策融合于组织的成长过程。Sinkula等[223]提出了包括学习承诺、分享愿景与开放心智三个维度的组织学习量表。如"组织学习是公司的共识""对于公司定位及未来发展的概念有清楚的界定"等。Argyris和Schon[224]、陈国权和马萌[225]把组织学习视为发现、发明、执行与推广的过程。Bessant等[226]认为组织学习包含试验、经验、反思与概念形成四个阶段。本书参考了上述量表，同时根据研究对象特点，从三个方面测量科研团队人才集聚的集体学习效应，见表4.4所示。

表4.4 集体学习效应的测度

变量	编号	测度题项	来源或依据
集体学习效应	CL11	团队学习的知识具有实用性	陈国权等（2000年）；Sinkula等（2003年）；Bessant（1999年）
	CL12	每次集体学习的效果较好	
	CL13	团队经常以正式或非正式的形式开展集体学习活动	

（3）知识溢出效应。在知识背景、知识存量、知识结构具有一定差异性的不同人才集聚在一定的科研团队中，增加了人才之间的可接近性，提供了彼此间交互学习的机会，促使知识的获取、吸收、转移、传播成本更低，也更为便捷。团队中人才追求知识的意愿、知识的流动性、知识的外部性，以及人才具有知识的有限性，使知识溢出成为一种必然。知识溢出本质上是知识拥有者以一定的形式、途径、技术或手段，对其他行为主体所产生的影响。知识溢出主体将自己所拥有的全部知识或部分知识无误地传播出去与他人共享。在传播过程中，传播介质将知识进行综合、分类和筛选，使传播到知识接受主体的知识有效；而知识接受主体则能够正确地识别、接收和利用信息，并形成知识积累，从而在此基础上对吸收的知识加以创新[227,228]。

鉴于知识溢出的复杂性、难以测量性，目前尚未产生较为公认的统一的测度量表，学者们往往根据研究目的从不同的视角进行测度。例如，Rosenkopf 等[229]从单一视角，采用专利测量企业的知识溢出水平。由于专利数据衡量知识溢出的局限性，一些学者采用多维度指标测度知识溢出。比如，Jaffe[230]利用专利申请数据、R&D 投入和销售收入分析创新与知识溢出的关系。Chengli Shu[231]经过研究认为，技术联盟企业间技术的互动是知识溢出的主要形式，比如，企业以不完全有偿的方式获取合作伙伴的技术或工艺等。Norman[232]采用是否能够提高现有的管理或技术，是否能够开发新的管理技能或技术技能等四个指标对高新技术联盟中知识溢出进行测量。朱秀梅[233]采用管理技能、新产品开发技能、生产运作技能等题项测度知识溢出。参考以上相关文献，结合本研究形成了知识溢出效应的测度题项，见表 4.5 所示。

表 4.5 知识溢出效应的测度

变量	编号	测度题项	来源或依据
知识溢出效应	KS11	团队采取岗位轮换的方式来提高成员的多种的技能和知识	Norman（2004 年）；朱秀梅（2006 年）
	KS12	团队成员常常通过正式或非正式的方式交流信息或经验	
	KS13	团队成员通过互动交流往往产生新知识	
	KS14	团队成员经常讨论新观点、新项目和新方法	

（4）创新效应。知识创新旨在搜寻新发现、探索新规律、创立新学说、提出新方法等。知识创新涵盖创造、创新、传播、转移与应用，其终极目的在于把新知识、新技术应用于产品开发或服务创新，从而提升企业的核心竞争力，促进经济发展。关于知识创新的测量研究，多数学者往往只关注于知识的转化过程，即从知识的社会化、外部化、整合化与内部化等四个层面进行测量。创新效应的测量参考了 Molina-Morales 等[234]的研究成果，同时借鉴张光磊等[235]的研究，从创新过程和结果的角度来考察组织创新效应，量表包括四个题项，见表 4.6 所示。

表 4.6 创新效应的测度

变量	编号	测度题项	来源或依据
创新效应	IE11	团队获得的创新成果较多	Molina-Morales 等（2010 年）；张光磊等（2012 年）
	IE12	团队的创新成功率很高	
	IE13	团队的创新有效支持了组织竞争力的提升	
	IE14	团队的创新成果促进了组织的可持续发展	

3. 社会资本

（1）结构资本。社会资本的结构要素主要探讨团队网络的聚合力和影响范围。网络聚合力是指组织内部能够感知到的社会联系的紧密程度，包括社会联系的频率、强度、情感付出和紧密程度等，网络范围指组织内部社会联系的多样化和异质性的程度。在结构资本测量方面，有如下一些典型研究。Nahapiet 和 Ghoshal[126]研究指出，结构维度是指企业关系网络中个体间的联系方式和结构特征，主要采用网络结构、网络联系强度等方面来测量。Chang 等[236]采用联系的稳定性衡量社会资本的结构特征。Tsai 和 Ghoshal[138]在研究内部社会资本时，主要关注了人们的交往频率与联结密度等方面。韦影[237]从联系的频繁程度、密切程度与规模等三个方面对社会资本的结构维度进行了测量。蒋天颖等[238]利用社会网络维度测量结构资本，包括五个题项。庄玉梅[239]在研究企业内部社会资本与员工绩效的关系时，综合相关研究成果，采用六个测量题项衡量结构资本的基本特征。在借鉴以上文献的基础上，形成了结构资本的测量题项，如表 4.7 所示。

表 4.7　结构资本的测度

变量	编号	测度题项	来源或依据
结构资本	SC11	团队成员经常自由地交换信息	Nahapiet（1998 年）；韦影（2005 年）；蒋天颖 等（2010 年）；庄玉梅（2011 年）
	SC12	团队各层次成员之间存在友谊或关系融洽	
	SC13	团队与其他团队或组织保持良好合作关系	
	SC14	团队成员之间经常共同解决创新过程中的问题	

（2）关系资本。关系资本是指如何通过人际关系的创造和维持来获取稀缺资源，如信任、支持、规范、互惠行为与责任等。研究表明，社会资本的关系维度水平越高，人与人之间进行知识转移的可能性就会越大。在关系资本维度中，信任被认为是最为重要的指标，它能够减少机会主义行为，保持人与人之间长期的合作关系。Tsai 和 Ghoshal[138]、Adle 和 Kwon[125]、Maurer 等[240]均采用信任维度测度社会资本的关系资本维度。国内学者韦影[237]从戒备的信任、真诚合作与信守诺言三个方面，对社会资本的关系维度进行

了操作化定义。蒋天颖等[238]采用五个题项测度信任关系。庄玉梅在研究企业内部社会资本与员工绩效的关系时，综合相关研究成果，认为关系资本含有信任和认同两个方面，分别采用九个和四个测量题项衡量关系资本的基本特征。根据本研究的内容以及研究对象，借鉴上述相关研究文献并对其进行适度修正，形成本研究的社会资本关系维度的测量题项，见表4.8所示。

表4.8 关系资本的测度

变量	编号	测度题项	来源或依据
关系资本	GC11	团队与合作伙伴在合作过程中，双方不存在损人利己的现象	Adle 和 Kwon（2002年）；韦影（2005年）；蒋天颖等（2010年）；Maurer等（2011年）；Tsai（2001年）；庄玉梅（2011年）
	GC12	我们总是信守承诺，具有良好信誉	
	GC13	团队出现困难时，组织外合作伙伴依然支持你们	
	GC14	团队出现困难时，组织内其他团队会主动帮助	
	GC15	团队经常与其他团队开展真诚的合作	

（3）认知资本。认知资本是指网络成员所共有的语言、观点、解释、心智模式和价值观一致性等，通常采用共享愿景来表征。所谓共享愿景是指组织成员拥有的与组织相同的使命、目标与价值观，体现了组织成员对组织愿景和使命的理解和认知。众多学者对社会资本的认知要素给出了自己的理解和测度方法。如 Nahapiet 和 Ghoshal[126]采用共享编码与语言，以及共享叙事方式来衡量认知维度。Adler 和 Kwon[125]则提出了认知资本应关注于双方关系的一致性测量方面，并把组织目标实现设定为第一任务。国内学者主要借鉴或修正国外已有的成熟量表，比如韦影[237]主要从共同的语言、相似的价值观的视角对认知资本进行量化。王三义等[241]从道德规范共享、企业文化的相似性、共享的语言平台、公共基础知识和地域文化水平方面测度认知资本。庄玉梅在研究企业内部社会资本与员工绩效的关系时，综合相关研究成果，采用三个测量题项衡量认知资本的基本特征。参考以

上相关文献，结合本研究形成了认知资本的测度题项，见表 4.9 所示。

表 4.9　认知资本的测度

变量	编号	测度题项	来源或依据
认知资本	CC11	团队成员清楚地了解团队的目标和愿景	Nahapiet 等（1998 年）；Adle 和 Kwon（2002 年）；韦影（2005 年）；庄玉梅（2011 年）
	CC12	团队成员具有共同的抱负	
	CC13	团队成员热情地追求共同目标和任务	

三、数据收集

1. 样本选择

本研究依托国家自然科学基金项目"区域科技型人才集聚效应与区域科技创新能力互动机理研究——以中部省会城市为例"（70973086）、山西省软科学基金项目"山西高校人才集聚与知识创新研究"（2011041051-01），以中部地区科研团队为调研对象，主要基于以下考虑：① 随着组织内外环境的复杂变化，团队创新因其结构扁平化、管理机制柔性化，以及创新机制协同化优势而日益成为组织创新的主要模式。② 在中国经济转型的关键时期，中部地区承东启西，但其经济活力不足、组织创新能力不高。③ 以往研究表明，以科研团队为载体的人才集聚效应实现组织创新已成为组织克服自身竞争优势不足的重要途径。因此，选取中部地区部分省会城市的科研团队作为访谈和调研对象，研究科研团队人才集聚效应的产生机理、分析组织冲突作用于人才集聚效应的影响机制及其调控政策，具有非常重要的理论意义与实践价值。

为了更好地实现研究目的，提升调研数据的有效性，选取的样本应符合以下要求：① 科研团队成立时间至少在 1 年以上。② 科研团队具有一定的科研能力，能够完成一定的科研任务或生产一定的科研产品。③ 问卷填答主要由科研团队成员完成。

2. 问卷发放与回收

本次调研在相关课题的支持下，从问卷的预调研、问卷的修正到正式调研完成，历时近一年的时间。研究数据主要以我国中部地区部分省会城市的企业、高校等的 30 个科研团队为例。问卷的调研主要通过三种方式进行，一是邮寄方式，二是电子邮件方式，三是现场发放方式。在调研之前，笔者首先与相关企业或高校等组织的具体负责人取得联系，在获得其同意后，以相应的方式进行问卷的发放与回收。其中，邮寄方式主要根据个人社会关系（大学同学、研究生同学、教师等）联系相关企业或高校的科研团队，将问卷和贴好邮票的信封邮寄给对方，待其填好后按址寄回。电子邮件方式通过筛选企业或高校等相关单位的联系方式，并电话联系单位联系人，同时感谢其对调研工作的支持。然而，邮寄和电子邮件方式问卷回收率相对较低，主要在于沟通渠道少，沟通效率差，易被受访者忽略或不重视。而第三种方式通过直接深入企业、高校等科研团队进行实地调研，并走访了 13 个团队。这种调研方式使得调研者与被试者能够及时沟通，对问卷具有更深的理解，因此效果最好。同时，我们按照以下标准筛选问卷：① 问卷被试者属于团队领导或团队成员。② 被试者在本团队工作年限在一年以上。③ 问卷填写必须规范、完整。具体而言，本次调研共发放问卷 300 份。其中，以邮寄方式发放 50 份，回收问卷 32 份，有效问卷 25 份，问卷回收率为 64.00%，有效问卷回收率为 50.00%；以电子邮件方式发放 120 份，回收问卷 84 份，有效问卷 68 份，问卷回收率为 70.00%，有效问卷回收率为 56.67%；现场发放 130 份，回收问卷 126 份，有效问卷 118 份，问卷回收率为 96.92%，有效问卷回收率为 90.77%。三种方式共收回问卷 242 份，有效问卷共为 211 份，问卷回收率为 80.67%，有效回收率 70.33%。

四、数据分析工具与方法

在设计了规范的问卷并进行样本收集后，就要对样本数据进行检验，以便能够更准确地反映测量对象的特征。同时，这也是验证本研究理论模型的重要前提。而选择有效的数据分析工具与方法对于检验数据的质量，以及对研究的质量都具有重要的影响。考虑到组织冲突、人才集聚效应与社会资本的数据都属于潜变量，不易观测，具有较强的主观性，本研究主要采用样本描述性统计分析法、因子分析法、相关分析法、信度分析法、效度分析法、回归分析法和调节效应检验方法等，对研究数据进行检验，并在此基础上分析概念模型的有效性。

1. 描述性统计分析

描述统计用数学语言表述一组样本的特征或者样本各变量间关联的特征，用来概括和解释样本数据。描述统计将众多数据融为一体，以便于研究者能够对这些数据形成新的认识。描述性统计分析一般反映被调研对象的基本特征，通常采用众数、中位数、平均数、极差、标准差、频数、频率和相关系数等指标来测量。本研究主要采用平均数、标准差和相关系数来对样本数据进行描述性统计分析，包括被试者所在组织的成立年限、性质、规模、类型和被试者的性别、年龄、学历、收入等基本情况，旨在把握数据的基本分布特征，为深入研究变量之间的关系打下基础。

2. 信度与效度分析

信度（Reliability）与效度（Validity）是评价一个变量质量高低的重要标准。在统计学中，效度是实证研究中变量测量的首要标准，通常被理解为测量的正确性与有效性，或指变量是否能够测量到其所要测量之潜在概念。效度系数越高，表示越能够测量到想要的测量概念[242]。一般来说，变量的效度包括表面效度、校标关联效度、内容效度和构念效度等。其中，最为常用的是构念效度和内容效度。

构念效度是指测量量表能够反映它所依据的理论的程度，验证量表和所依据的理论的契合程度，由聚合效度和区分效度组成。其中，聚合效度是指不同的观察变量是否可用来测量同一潜变量，而区分效度是指不同的潜变量是否存在显著差异[243]。通常，采用验证性因子分析（CFA）来判断观察变量与潜变量之间的假设关系是否与数据吻合。若证明假设正确，则聚合效度得到了相应证明。对于区分效度，通过检测各个潜变量之间的相关系数是否显著低于1来判断[242,244]。在本研究中，社会资本量表基于系统的文献梳理和评价，参考国内外相关研究，并与企业、高校等学者和管理者进行探讨。因此，可以认为该量表具有较好的内容效度；组织冲突量表也是基于以往成熟经典的理论和实证研究文献，来源于国内外成熟的量表，也具有较好的内容效度。此外，科研团队人才集聚效应量表的开发也同样基于科研团队的内涵和特征，以及人才集聚效应的相关理论阐述和论证，同时借鉴了相关的实证研究文献，并咨询了相关专家学者的建议，初步开发了科研团队人才集聚效应量表，但尚需要开展进一步地测试以检验其信度和效度，以确保实证研究的准确性和有效性。

信度主要是指测量结果的可靠性、一致性和稳定性，即测验结果是否反映了被试者的稳定的、一贯的真实特征[245]。任何测量的观察值都包括实际值和误差值两部分，信度越高表示误差值越低，如此所得的观察值就不会因为形式或者时间的改变而变动，具有相当的稳定性。信度只受随机误差的影响，随机误差越大，信度越低。在实证研究中，常用的信度测量工具是内部一致性，它关注的是不同的测量项目所带来的测试结果的差异，大多数学者采用Cronbach's α（0~1）系数表征测量的信度。Cronbach's α越大，越好。一般而言，信度系数大于等于0.7，属于高新度，表明样本信度较好，说明数据具有较高的研究价值；若处于0.5~0.7为可信，属于中信度，表明信度可以接受；若处于 0.35~0.5，则属于基本信度，尚可接受；而在 0.35 以下属于低信度，则被认为数据是不适合使用的[209]。此外，在进行探索性和验证性因子分析时，还要对样本进行样本充分性（KMO）测度和 Barlett 球型度检验，以便判断是否可以进行因子分析[239]（庄玉梅，2011 年）。一般认为，KMO 在 0.90 以上，非常适合；0.8~0.9，很适合；0.7~0.8，适合；0.6~0.7，不太适合；0.5~0.6，很勉强；0.5 以下，不适合。Barlett 球型度检验的统计显著性概率小于或等于显著性水平时，可以进行因子分析。根据这一原则，对于 KMO 值在 0.6 以下的，不进行进一步分析；对于 KMO 值在 0.7 以上的；则进行因子分析；对于 0.6~0.7 的，以理论研究为基础，根据实际情况决定是否进行因子分析。

3. 调节效应检验方法

根据温忠麟[246]的研究，如果变量 Y 与变量 X 的关系是变量 M 的函数，称 M 为调节变量。即 Y 与 X 的关系受到第三个变量 M 的影响，具体见图 4.2。调节变量包括定性和定量两种类型，其对于自变量与因变量之间关系的方向和强弱起调控作用。

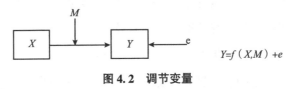

$$Y=f(X,M)+e$$

图 4.2　调节变量

在做调节效应时，一般需要把自变量和调节变量进行中心化处理[247]。最基本的常用的调节作用模型，即假设 Y 与 X 有以下关系：

$$Y = aX + bM + cXM + e\ (也可表示为：Y = bM + (a + cM)X + e)$$

对于固定的 M，这是 Y 对 X 的直线回归。Y 与 X 的关系通过回归系数 $a + cM$ 来刻画，c 衡量了调节效应的大小及方向。

调节效应分析方法根据自变量和调节变量的测量级别而定。变量可分为两类，一类是类别变量，另一类是连续变量。当自变量和调节变量都是类别变量时做方差分析。当自变量和调节变量都是连续变量时，用带有乘积项的回归模型，进行层次回归分析：① 做 Y 对 X 和 M 的回归，得到测定系数 R_1^2。② 做 Y 对 X、M 和 XM 的回归，得到测定系数 R_2^2，若 R_2^2 显著高于 R_1^2，则调节效应显著。或者做 XM 的偏回归系数检验，若显著，则调节效应显著[246,247]。

第五节　本章小结

本章构建了组织冲突对科研团队人才集聚效应影响机理的概念模型，提出了实证研究的设计方法。具体而言，首先，本章针对目前理论研究的不足，从组织冲突的两维度（任务冲突、关系冲突）出发，基于社会资本的视角，建立了组织冲突对科研团队人才集聚效应影响的理论模型，并提出了相应假设。其次，从问卷设计、变量测度、数据收集与分析方法等方面对本研究的实证分析所采用的研究方法进行了阐述。比如，在问卷设计中，采用科学合理的方法设计调查问卷；在数据收集过程中采取多种方式对问卷的发放和回收进行管理，保证了数据的有效性；在变量测量分析中，参考成熟或经典的参考文献，确定了相关变量的测量方法，并对描述统计、信效度等计量方法进行了说明。第五章将根据所获样本数据，采用上述计量分析方法，对理论模型进行实证分析。

第五章 组织冲突与科研团队人才集聚效应的实证分析

本章根据第四章提出的组织冲突对科研团队人才集聚效应影响的概念模型及实证研究方法，进行实证研究。首先，对搜集的数据进行描述性统计分析，分析其其数据特征。其次，开展信度和效度检验，验证数据的有效性。再次，通过统计分析工具 SPSS 进行相关性分析、多元回归分析与调节效应检验，验证概念模型及研究假设的合理性。最后，对检验结果进行分析讨论。

第一节 描述性统计分析

问卷调查工作完成后，按照问卷的筛选规则从 300 份样本中，最终得到 211 份有效问卷。本研究将从员工性别、学历、团队规模、团队成立年限等方面进行描述性统计分析，以从总体上反映样本的分布状况。

1. 样本团队成员的性别分布

根据相关研究，性别可能是影响研究结果的一个重要变量。在本研究中，团队成员的性别分布见表 5.1 所示。从中可以看出，样本中男性为 118 个，女性为 93 个，分别占 55.92% 和 44.08%。虽然男性高于女性，但总体上差别不大。

表5.1　团队成员的性别分布

性别	频率	百分比（%）	有效百分比（%）	累积百分比（%）
男	118	55.92	55.92	55.92
女	93	44.08	44.08	100

2. 样本团队成员的学历分布

关于被试者的学历分布见表5.2。由表5.2可知，被试者的学历主要以中等学历和高等学历为主，硕士和博士分别达到125人和53人，占总样本的比重分别为59.24%和25.12%；其余为本科及以下，有33人，占15.64%。该样本基本上呈现了正态分布的特征，符合研究要求。因为中、高学历的科研人员具有较好的创新能力、创新活力和创新意愿，对于科研团队的人才集聚效应和组织冲突具有更深的理解。

表5.2　团队成员的学历分布

学历	频率	百分比（%）	有效百分比（%）	累积百分比（%）
大学本科及以下	33	15.64	15.64	15.64
硕士	125	59.24	59.24	74.88
博士	53	25.12	25.12	100

3. 样本团队的规模分布

样本团队的规模分布见表5.3。由表5.3可知，科研团队的规模主要以10~30人与30~50人为主，分别达到111人和65人，占总样本的比重分别为52.61%和30.81%。其余为10人以下，有16人，占7.58%，80人以上，有5人，占2.37%。该样本基本上也呈现了正态分布的特征，较为符合本书的研究要求。因为团队规模较大，团队社会资本越明显，团队的人才集聚效应就越显著，团队的组织冲突也就越可能被感知到，这样更利于达到研究目的。

表 5.3 团队规模分布

规模	频率	百分比（%）	有效百分比（%）	累积百分比（%）
10 人以下	16	7.58	7.58	7.58
10~30 人	111	52.61	52.61	60.19
30~50 人	65	30.81	30.81	91.00
50~80 人	14	6.64	6.64	97.63
80 以上	5	2.37	2.37	100

4. 样本团队的成立年限分布

根据研究需要，在问卷调研中要求被调查者所在团队成立年限在 1 年以上。从表 5.4 可知，样本中科研团队成立年限在 3~5 年的占一半以上，有 115 人，占总样本数 54.5%；其次，5~10 年的有 56 人，占总样本数的 26.54%，成立年限在 1~3 年的，有 25 人，占总样本数的 11.85%。成立年限在 10 年以上的有 15 人，占总样本数的 7.11%。从中可以看出，大多数样本所在的科研团队处在发展期和提升期，团队总体稳定，但在其实现人才集聚创新过程中不可避免地存在冲突现象。因此，这样更有利于研究结果的可信性和有效性。

表 5.4 团队的成立年限分布

成立年限	频率	百分比（%）	有效百分比（%）	累积百分比（%）
1~3 年	25	11.85	11.85	11.85
3~5 年	115	54.50	54.50	66.35
5~10 年	56	26.54	26.54	92.89
10 年以上	15	7.11	7.11	100

5. 样本团队成员的类型分布

本研究在样本选取中，包括军工、航空、电子、研究所和高校，其样本分布如表 5.5 所示。从表 5.5 可看出，样本中的被试所在的是军工型团队

的，有61人，占总样本的28.91%；航空型团队的，有42人，占总样本的
19.91%；电子型团队的，有29人，占总样本的13.74%；研究所型团队的，
有33人，占总样本的15.64%；高校型团队的，有46人，占总样本的
21.80%。在本研究所调研的所有科研团队中，团队成员分布大体均匀，具
有一定的代表性。

表5.5 团队成员的类型分布

类型	频率	百分比（%）	有效百分比（%）	累积百分比（%）
军工	61	28.91	28.91	28.91
航空	42	19.91	19.91	48.82
电子	29	13.74	13.74	62.56
研究所	33	15.64	15.64	78.20
高校	46	21.80	21.80	100

第二节 信度分析

信度分析是检验数据可靠性的重要步骤，只有数据的信度符合统计要
求，才能进一步将其用于分析变量之间的关系，检验理论假设。本研究使
用统计软件SPSS20.0对数据的信度进行检验，组织冲突、社会资本与人
才集聚效应的信度系数分别见表5.6、表5.7和表5.8。根据Cronbach's α
的统计标准，若 α 值在0.7以上，说明信度较高，问卷具有较高的信度；
若 α 值处于0.5~0.7，说明问卷的信度基本符合统计要求；若 α 值在
0.35~0.5，基本可接受。从组织冲突量表的信度检验、人才集聚效应量
表的信度检验、社会资本量表的信度检验中可知，各变量信度大部分大于
0.7，个别处于0.6~0.7，说明数据的可靠性得到了验证，可以开展进一
步研究。

表 5.6　组织冲突各题项信度检验

变量		编号	测量题项	Cronbach's α
组织冲突	任务冲突	TC11	团队成员经常对于研发项目或合作任务有不同的意见或看法	0.822
		TC12	团队成员经常在任务的实施方面有冲突性观点	
		TC13	团队成员经常在工作任务问题上存在分歧	
		TC14	团队成员对工作的想法与其他团队成员有所不同	
		TC15	团队成员常从不同的视角对工作任务进行讨论	
	关系冲突	RC11	团队成员在一起工作时经常会心情沮丧	0.917
		RC12	团队成员关系比较紧张	
		RC13	团队成员不能融洽相处	
		RC14	团队成员通常不喜欢彼此沟通	
		RC15	团队氛围总是不和谐	

表 5.7　社会资本各题项信度检验

变量		编号	测量题项	Cronbach's α
社会资本	结构资本	SC11	团队成员经常自由地交换信息	0.746
		SC12	团队各层次成员之间存在友谊或关系融洽	
		SC13	团队与其他团队或组织保持良好合作关系	
		SC14	团队成员之间经常共同解决创新过程中的问题	
	关系资本	GC11	团队与合作伙伴在合作过程中，双方不存在损人利己的现象	0.744
		GC12	团队成员总是信守承诺，具有良好信誉	
		GC13	当团队出现困难时，组织外合作伙伴依然能给予支持	
		GC14	当团队出现困难时，组织内其他团队会主动提供帮助	
		GC15	团队经常与其他团队开展真诚的合作	
	认知资本	CC11	团队成员清楚地了解团队的目标和愿景	0.738
		CC12	团队成员具有共同的抱负	
		CC13	团队成员渴望完成共同的目标和任务	

表 5.8　人才集聚效应各题项信度检验

变量		编号	测量题项	Cronbach's α
人才集聚效应	信息共享效应	IS11	共享知识或信息是习以为常的事情	0.694
		IS12	可以较容易地在团队内部得到知识或信息	
		IS13	团队成员具有共享信息的意愿	
	集体学习效应	CL11	团队学习的知识具有实用性	0.661
		CL12	每次集体学习的效果较好	
		CL13	团队经常以正式或非正式的形式开展集体学习活动	
	知识溢出效应	KS11	团队采取岗位轮换的方式来提高成员的多种的技能和知识	0.647
		KS12	团队成员常常通过正式或非正式的方式交流信息或经验	
		KS13	团队成员通过互动交流往往产生新知识	
		KS14	团队成员经常讨论新观点、新项目和新方法	
	创新效应	IE11	团队获得的创新成果较多	0.736
		IE12	团队的创新成功率很高	
		IE13	团队的创新有效地支持了组织竞争力的提升	
		IE14	团队的创新成果促进了组织的可持续发展	

第三节　效度分析

　　效度反映了期望测量变量的真实意义被题项的测量结果所反映的程度。在实证研究中，被广泛使用的效度包括内容效度和构念效度。内容效度是指调查问卷所设计的题项是否能够代表所期望获得的主题、数据或内容[248]。本研究所采用或开发的问卷是在借鉴国内外已有文献的基础上，结合科研团队的特性与人才集聚效应的实践修正得到；同时，在设计问卷过程中，也征询了人力资源与组织创新方面的多位专家教授，以及部分博士、硕士同学的建议和意见，对问卷进行了补充和完善，保证了本研究使用的问卷满足内容效度的要求。相对于内容效度，构念效度是更为重要的效度指标。学者们通常采用验证性因子分析与聚合效度、区分效度等方法来检验构念效度。

1. 组织冲突

组织冲突采用主成分分析法检验量表的效度。首先，观测 KMO 值与 Bartlett 球体值判断是否适合进行因子分析。若 KMO 值接越近于 1，说明变量间的相关性越强，适合进行因子分析。Bartlett 球体检验的目的是判断相关矩阵是否为单位矩阵。如果检验结果拒绝单位矩阵的原假设[248]，则可以开展因子分析。

从主成分分析结果看，KMO 值为 0.873，说明可以进行因子分析。Bartlett 球体检验的 χ^2 统计值为 1174.928，显著性概率值为 0.000，说明具有相关性，可以进行因子分析。在主成分分析中，我们根据特征根大于 1 的原则提取了 2 个因子，总共解释变量总方差的 69.131%，具体结果见表 5.9。

表 5.9　组织冲突主成分分析

因子	初始情况			旋转概况		
	特征值	方差贡献率	累积方差贡献率	特征值	方差贡献率	累积方差贡献率
1	4.364	43.640	43.640	3.945	39.449	39.449
2	2.549	25.491	69.131	2.968	29.683	69.131
3	0.700	7.000	76.132			
4	0.485	4.846	80.978			
5	0.417	4.173	85.151			
6	0.369	3.687	88.837			
7	0.327	3.274	92.111			
8	0.313	3.129	95.240			

续表

因子	初始情况			旋转概况		
	特征值	方差贡献率	累积方差贡献率	特征值	方差贡献率	累积方差贡献率
9	0.267	2.670	97.909			
10	0.209	2.091	100.000			

（1）验证性因子分析。构念效度是指实测结果与所建立的理论构念的一致性程度。通常采用验证性因子分析方法来检验变量的构念效度。本研究在相关文献的基础上，通过比较两个模型的优劣，从而确定最佳匹配模型。一是单维模型，即问卷中所有题项都属于一个维度，即组织冲突是一个单维的模型；二是双维模型，即根据 Jehn[66] 的研究成果验证组织冲突的二维结构。

采用最大似然法进行估计，模型拟合判断的标准如表 5.10 所示，包括基于拟合函数的指数、近似误差指数、拟合优度指数与相对拟合指数等[249]。

表 5.10　最佳适配度指标及其建议值

拟合指数	指标	数值范围	建议值
基于拟合函数的指数	x^2/df	大于 0	小于 5 (Medsker, Williams, Holahan, 1994 年)，小于 3 更佳 (Wheaton, 1987 年)
近似误差指数	RMR / RMSEA	大于 0	小于 0.10，小于 0.05 非常好，小于 0.01 最佳 (Steiger, 1990 年)
拟合优度指数	GFI / AGFI	0~1 之间，可能出现负值	大于 0.9 (Bagozzi, Yi, 1988 年)
相对拟合指数	NFI / IFI / CFI / RFI	0~1 之间 / 大于 0，大多数在 0~1 / 0~1 / 大于 0	大于 0.9 (Bentler, Bonett, 1980 年)

表 5.11 描述了两个模型的拟合情况。结果表明，组织冲突的一维模型拟合指标未能达到拟合要求，而二维模型除 RMSEA 稍大，但也小于 0.1，在允许的范围之内，其他各类指标均达到拟合要求。其中，绝对拟合指数 $x^2/df = 2.571$，在可接受的范围内；RMSEA = 0.086 接近 0.08，适配模型可以接受；相对拟合指标 GFI = 0.922，NFI = 0.927，CFI = 0.954 均大于 0.9 的可接受标准，表明组织冲突的二维模型具有较好的构念效度，验证了 Jehn 提出的组织冲突的二维结构。

表 5.11 组织冲突两种模型的拟合指标比较

模型	x^2/df	GFI	NFI	CFI	RMSEA
一维模型	11.767	0.648	0.656	0.676	0.226
二维模型	2.571	0.922	0.927	0.954	0.086

（2）聚合效度与区分效度。除了以上采用的验证性因子分析法以外，还可采用聚合效度与区分效度检验法。比如，Compbell 等[250]指出，验证一个变量的构念效度，需要满足两个条件。第一，采用不同方法对同一构念进行测量，它们之间如果具有较高的相关性，说明具有聚合效度。第二，采用相同方法对不同构念进行测量，它们之间如果具有较低的相关性，说明具有区分效度。聚合效度通过检验组织，冲突各维度间的相关系数进行判断。表 5.12 中相关系数表明，冲突各维度间的相关系数达到显著水平，说明测量组织冲突这个构念时两个维度之间具有较强的聚合效度。区分效度可通过组织冲突两维度间的相关系数与两维度的信度系数的比较进行判断[251]。表 5.12 中显示，组织冲突各维度间的相关系数小于各自维度的信度系数，表明本模型中两维度是相对独立的，具有较好的区分效度。

表 5.12　组织冲突各维度均值、标准差、相关系数和内部一致性系数

变量	M	SD	1	2
任务冲突	3.483	0.719	(0.822)	
关系冲突	1.917	0.768	0.232	(0.917)

注：双尾检验，相关系数在 $p<0.01$ 的水平上显著；括号中的数字表示信度系数。

2. 社会资本

社会资本采用主成分分析法检验量表的效度。从主成分分析结果看，KMO 值为 0.880，说明可以进行因子分析。Bartlett 球体检验的 x^2 统计值为 821.635，显著性概率值为 0.000，说明具有相关性，可以进行因子分析。在主成分分析中，我们根据特征根大于 1 的原则提取了 3 个因子，总共解释变量总方差的 58.558%，具体结果见表 5.13。

表 5.13　社会资本主成分分析

因子	初始情况			旋转概况		
	特征值	方差贡献率	累积方差贡献率	特征值	方差贡献率	累积方差贡献率
1	4.924	41.034	41.034	2.717	22.639	22.639
2	1.178	9.814	50.848	2.335	19.454	42.094
3	0.925	7.710	58.558	1.976	16.464	58.558
4	0.816	6.797	65.355			
5	0.742	6.185	71.540			
6	0.620	5.169	76.709			
7	0.590	4.919	81.628			
8	0.530	4.419	86.046			
9	0.515	4.289	90.336			
10	0.455	3.793	94.128			
11	0.379	3.157	97.286			

因子	初始情况			旋转概况		
	特征值	方差贡献率	累积方差贡献率	特征值	方差贡献率	累积方差贡献率
12	0.326	2.714	100.000			

（1）验证性因子分析。进行验证性因子分析，提出两个假设模型，即单维模型与三维模型。两个模型的拟合指标见表5.14。与一维模型相比，三维模型较一维模型较好地拟合了原始数据。其中，绝对拟合指数 $x^2/\mathrm{df}=1.743$，在可接受的范围内，RMSEA=0.059，适配模型可以接受，相对拟合指标 GFI=0.935，NFI=0.890，CFI=0.949 均大于或接近可接受标准。因此，可认为社会资本整体测量模型的拟合效果较好。

表5.14　社会资本两种模型的拟合指标比较

模型	x^2/df	GFI	NFI	CFI	RMSEA
一维模型	2.663	0.899	0.829	0.884	0.089
三维模型	1.743	0.935	0.890	0.949	0.059

（2）聚合效度与区分效度检验。根据聚合效度和区分效度检验方法，对表5.15中社会资本三个维度的相关系数和信度系数进行判断，表明社会资本具有较好的聚合效度和区分效度。

表5.15　社会资本各维度均值、标准差、相关系数和内部一致性系数

变量	M	SD	1	2	3
结构资本	3.527	0.562	(0.746)		
认知资本	4.172	0.485	0.493	(0.744)	
关系资本	4.141	0.435	0.643	0.524	(0.738)

注：双尾检验，相关系数在 $p<0.01$ 的水平上显著；括号中的数字表示信度系数。

3. 人才集聚效应

本研究根据牛冲槐学者的研究，结合科研团队的内涵与特征，提出了

人才集聚效应的四维结构。本研究拟采用探索性因子分析与验证性因子分析相结合的方式，确定人才集聚效应的维度特征。

（1）探索性因子分析。采用主成分分析法检验量表的效度。从主成分分析结果看，KMO 值为 0.882，说明可以进行因子分析。Bartlett 球体检验的 x^2 统计值为 1025.283，显著性概率值为 0.000，说明具有相关性，可以进行因子分析。在主成分分析中，我们根据特征根大于 1 的原则提取了 4 个因子，总共解释变量总方差的 64.033%，具体结果见表 5.16 所示。随后，进行最大方差正交旋转，结果详见表 5.17。根据一般的评价标准，因子载荷大于 0.7 的为优秀，大于 0.6 的为较好，0.5 以上的可以接受，因子载荷低于 0.4 的一般舍弃[248]。按照因素载荷不低于 0.4 的标准，提取出四个主成分，它们分别为信息共享效应（IS）、集体学习效应（CL）、知识溢出效应（KS）与创新效应（IE）。

表 5.16 人才集聚效应主成分分析

因子	初始情况			旋转概况		
	特征值	方差贡献率	累积方差贡献率	特征值	方差贡献率	累积方差贡献率
1	5.345	38.178	38.178	2.482	17.729	17.729
2	1.610	11.502	49.679	2.326	16.612	34.341
3	1.030	7.355	57.034	2.129	15.204	49.545
4	0.980	6.999	64.033	2.028	14.488	64.033
5	0.704	5.025	69.058			
6	0.623	4.450	73.509			
7	0.611	4.367	77.875			
8	0.537	3.836	81.712			
9	0.522	3.725	85.437			
10	0.498	3.559	88.996			
11	0.470	3.356	92.352			

续表

因子	初始情况			旋转概况		
	特征值	方差贡献率	累积方差贡献率	特征值	方差贡献率	累积方差贡献率
12	0.427	3.048	95.399			
13	0.362	2.587	97.986			
14	0.282	2.014	100.000			

表 5.17　旋转因子的载荷矩阵

Componet	1	2	3	4
IS11	0.820	0.102	0.223	0.053
IS12	0.675	0.145	−0.094	0.372
IS13	0.706	0.321	0.056	0.149
CL11	0.006	0.203	0.225	0.756
CL12	0.406	0.042	0.204	0.626
CL13	0.367	0.305	0.291	0.499
KS11	−0.045	0.072	0.812	0.156
KS12	0.176	0.118	0.669	0.383
KS13	0.403	0.215	0.624	−0.044
KS14	−0.013	0.336	0.558	0.415
IE11	0.202	0.698	0.211	0.064
IE12	0.087	0.717	0.149	0.295
IE13	0.527	0.645	0.116	−0.172
IE14	0.186	0.677	0.065	0.431

（2）验证性因子分析。进行验证性因子分析，根据相关文献提出了人才集聚效应的一维模型与四维模型。两个模型的拟合指标如表5.18所示，四维模型在大多数指标上都明显优于一维模型。其中，绝对拟合指数 $x^2/\mathrm{df}=$ 2.159，在可接受的范围内；RMSEA = 0.074，适配模型可以接受；相对拟合指标 GFI = 0.904，NFI = 0.854，CFI = 0.914 均大于或接近可接受标准。因

此，可认为人才集聚效应整体测量模型的拟合效果较好。

表 5.18　人才集聚效应两种模型的拟合指标比较

模型	x^2/df	GFI	NFI	CFI	RMSEA
一维模型	3.623	0.816	0.735	0.790	0.112
四维模型	2.159	0.904	0.854	0.914	0.074

（3）聚合效度与区分效度检验。通过对表 5.19 中相关系数和信度系数的分析与比较，表明人才集聚效应具有较好的聚合效度和区分效度。

表 5.19　人才集聚效应各维度均值、标准差、相关系数和内部一致性系数

变量	M	SD	1	2	3	4
信息共享效应	4.376	0.461	(0.694)			
集体学习效应	4.210	0.493	0.491	(0.661)		
知识溢出效应	4.106	0.507	0.347	0.583	(0.647)	
创新效应	4.337	0.454	0.554	0.537	0.478	(0.736)

注：双尾检验，相关系数在 $p < 0.01$ 的水平上显著；括号中的数字表示信度系数。

第四节　实证检验

一、相关性分析

相关分析是研究现象之间是否存在某种依存关系，并对具体有依存关系的现象探讨其相关方向和相关程度，是研究随机变量之间相关关系的一种统计方法[252]。据此，本研究将对各变量进行简单的相关分析。相关分析结果见表 5.20。从表 5.20 可知，任务冲突与人才集聚效应各维度（信息共享效应、集体学习效应、知识溢出效应与创新效应）存在正相关的关系。关系冲突与人才集聚效应各维度呈现负相关的关系。社会资本（结构资本、认知资本与关系资本）与任务冲突、人才集聚效应显著相关，从而初步检验了本研究提出的理论假设模型。

表 5.20　各变量间相关系数矩阵

	（TC）	（RC）	（SC）	（GC）	（CC）	（IS）	（CL）	（KS）	（IE）
TC	1								
RC	−.217**	1							
IS	0.430**	−0.331**	1						
CL	0.130	−0.299**	0.491**	1					
KS	0.121	−0.235**	0.347**	0.583**	1				
IE	0.325**	−0.473**	0.554**	0.537**	0.478**	1			
SC	0.284**	−0.429**	0.485**	0.590**	0.533**	0.637**	1		
GC	0.296**	−0.436**	0.554**	0.575**	0.483**	0.600**	0.672**	1	
CC	0.102	−0.317**	0.462**	0.538**	0.541**	0.539**	0.553**	0.524**	1

注：双尾检验，** 表示相关系数在 $p < 0.01$ 的水平上显著；* 表示相关系数在 $p < 0.05$ 的水平上显著。

二、组织冲突对人才集聚效应的直接效应检验

本研究首先对组织冲突与人才集聚效应（信息共享效应、集体学习效应、知识溢出效应与创新效应）的关系进行了实证检验分析，分为任务冲突与人才集聚效应的关系检验、关系冲突与人才集聚效应的关系检验。同时，运用统计分析软件 SPSS20.0 对以上两种关系进行多元线性回归。具体结果见表 5.21 和表 5.22。

对控制变量、组织冲突与人才集聚效应关系进行分析。其中，各模型中模型 a 分析了控制变量对人才集聚效应的影响，模型 b 分析了任务冲突对人才集聚效应的影响。

表5.21 任务冲突对人才集聚效应的直接效应检验

变量	人才集聚效应							
	信息共享效应		集体学习效应		知识溢出效应		创新效应	
	模型 1		模型 2		模型 3		模型 4	
	模型 1a	模型 1b	模型 2a	模型 2b	模型 3a	模型 3b	模型 4a	模型 4b
常数项	4.479	3.386	4.241	3.924	4.271	3.943	4.497	3.591
团队规模	0.015	-0.099	0.026	-0.005	-0.034	-0.065	-0.081	-0.177***
员工性别	-0.004	-0.014	0.034	0.031	0.061	0.058	-0.050	-0.059
员工学历	-0.075	-0.024	-0.077	-0.063	-0.129*	-0.115	0.024	0.067
任务冲突		0.452***		0.123*		0.123*		0.380***
R^2	0.006	0.194	0.007	0.021	0.019	0.033	0.009	0.142
Adjusted R^2	-0.008	0.179	-0.007	0.002	0.005	0.014	-0.005	0.125
F for R^2	0.425	12.409***	0.512	1.116	1.329	1.751	0.653	8.525
D-W 检验	1.934	2.067	1.742	1.759	1.605	1.621	1.828	1.867

注：显著性水平：* $p < 0.1$；** $p < 0.05$；*** $p < 0.01$。

表中4个模型的多元线性回归表达式依次为

模型 1a：信息共享效应 $= \beta_0 + \beta_1 + \beta_2 + \beta_3 + \mu$；

模型 1b：信息共享效应 $= \beta_0 + \beta_1 + \beta_2 + \beta_3 + \beta_4 + \mu$；

模型 2a：集体学习效应 $= \beta_0 + \beta_1 + \beta_2 + \beta_3 + \mu$；

模型 2b：集体学习效应 $= \beta_0 + \beta_1 + \beta_2 + \beta_3 + \beta_4 + \mu$；

模型 3a：知识溢出效应 $= \beta_0 + \beta_1 + \beta_2 + \beta_3 + \mu$；

模型 3b：知识溢出效应 $= \beta_0 + \beta_1 + \beta_2 + \beta_3 + \beta_4 + \mu$；

模型 4a：创新效应 $= \beta_0 + \beta_1 + \beta_2 + \beta_3 + \mu$；

模型 4b：创新效应 $= \beta_0 + \beta_1 + \beta_2 + \beta_3 + \beta_4 + \mu$。

本研究中采用 VIF 和 D-W 值，来检验模型的多重共线性问题和一阶序列相关的问题[248]。一般而言，若 VIF 值小于 10，说明解释变量与模型中其余的解释变量间不存在多重共线性问题；反之，则存在多重共线性问题。

D-W检验主要分析判断是否存在一阶自相关问题。一般而言，当 D-W 等于
2 时，残差序列不存在自相关。在通常情况下，多数学者认为，只要 D-W
在 2 附近，就可以认为变量间不存在一阶序列相关问题[248]。

根据计算结果，模型 1-4 中所有参数的 VIF 值都小于 3，D-W 值也位
于 2.0 左右。这说明，解释变量间不存在多重共线性问题，一阶自相关问题
也不影响研究结果的有效性。

在表 5.21 与表 5.22 中，分别对任务冲突与科研团队人才集聚效应（信
息共享效应、集体学习效应、知识溢出效应与创新效应），关系冲突与人才
集聚效应进行了多元线性回归。其中，在表 5.21 的模型 1 中，任务冲突对
信息共享效应具有显著正向影响（$\beta = 0.452$，$p < 0.01$），假设 $H1a$ 得到了
支持。在模型 2 中，任务冲突对集体学习效应具有显著正向影响（$\beta = 0.123$，$p < 0.10$），假设 $H1b$ 得到了支持。在模型 3 中，任务冲突对知识溢
出效应具有显著正向影响（$\beta = 0.123$，$p < 0.10$），假设 $H1c$ 得到了支持。在
模型 4 中，任务冲突对创新效应具有显著正向影响（$\beta = 0.380$，$p < 0.01$），
假设 H1d 得到了支持。这一结果说明，任务冲突在科研团队人才集聚效应
产生和提升过程中产生了积极作用；作为建设性冲突，任务冲突通过工作
探讨、互相争论，能够实现显性知识的共享和隐性知识的交流，有助于产
生信息共享效应、知识溢出效应和创新效应。

在表 5.22 中，模型 5 显示，关系冲突对信息共享效应具有显著的负向
影响（$\beta = -0.377$，$p < 0.01$），即假设 H2a 获得验证。在模型 6 中，关系冲
突对集体学习效应具有显著负向影响（$\beta = -0.346$，$p < 0.01$），假设 H2b 得
到了支持。在模型 7 中，关系冲突对知识溢出效应具有显著负向影响（$\beta = -0.259$，$p < 0.01$），假设 H2c 得到了支持。在模型 8 中，关系冲突对创新
效应具有显著负向影响（$\beta = -0.494$，$p < 0.01$），假设 H2d 得到了支持。这
主要因为关系冲突是一种人际冲突，人与人之间往往会产生压抑、沮丧、
颓废和明争暗斗的"心理战争"。这在很大程度上耗费了人们大量的精力和

时间，降低了人才效能，既不利于形成信息共享的意愿和行为，也不利于增加人才的安全感，导致人才心理资本下降，更易形成团队人才集聚非经济效应。

表 5.22 关系冲突对人才集聚效应的直接效应检验

变量	人才集聚效应							
	信息共享效应		集体学习效应		知识溢出效应		创新效应	
	模型 5		模型 6		模型 7		模型 8	
	模型 5a	模型 5b	模型 6a	模型 6b	模型 7a	模型 7b	模型 8a	模型 8b
常数项	4.479	4.750	4.241	4.507	4.271	4.476	4.497	4.847
团队规模	0.015	0.131*	0.026	0.132	−0.034	0.045	−0.081	0.071
员工性别	−0.004	0.009	0.034	0.046	0.061	0.070	−0.050	−0.033
员工学历	−0.075	−0.090	−0.077	−0.091	−0.129*	−0.139**	0.024	0.004
关系冲突		−0.377***		−0.346***		−0.259***		−0.494***
R^2	0.006	0.134	0.007	0.116	0.019	0.079	0.009	0.229
Adjusted R^2	−0.008	0.118	−0.007	0.098	0.005	0.061	−0.005	0.214
F for R^2	0.425	7.996***	0.512	6.732***	1.329	4.437***	0.653	15.316***
D-W 检验	1.934	1.966	1.742	1.767	1.605	1.639	1.828	1.710

注：显著性水平：$* p < 0.1$；$** p < 0.05$；$*** p < 0.01$。

表中 4 个模型的多元线性回归表达式依次为

模型 5a：信息共享效应 $= \beta_0 + \beta_1 + \beta_2 + \beta_3 + \mu$；

模型 5b：信息共享效应 $= \beta_0 + \beta_1 + \beta_2 + \beta_3 + \beta_4 + \mu$；

模型 6a：集体学习效应 $= \beta_0 + \beta_1 + \beta_2 + \beta_3 + \mu$；

模型 6b：集体学习效应 $= \beta_0 + \beta_1 + \beta_2 + \beta_3 + \beta_4 + \mu$；

模型 7a：知识溢出效应 $= \beta_0 + \beta_1 + \beta_2 + \beta_3 + \mu$；

模型 7b：知识溢出效应 $= \beta_0 + \beta_1 + \beta_2 + \beta_3 + \beta_4 + \mu$；

模型 8a：创新效应 $= \beta_0 + \beta_1 + \beta_2 + \beta_3 + \mu$；

模型 8b：创新效应 $= \beta_0 + \beta_1 + \beta_2 + \beta_3 + \beta_4 + \mu$。

三、社会资本的调节效应检验

根据调节效应基本原理和操作步骤，利用统计分析软件 SPSS20.0 进行分层回归分析，检验社会资本（结构资本、关系资本与认知资本）对组织冲突（任务冲突与关系冲突）与人才集聚效应之间关系的调节效应。具体结果见表 5.23。

1. 社会资本对任务冲突与人才集聚效应关系的调节作用

根据调节效应检验方法，分别把任务冲突与社会资本三维度（结构资本、关系资本与认知资本）进行中心化处理，计算两者乘积，然后逐步将控制变量、自变量、乘积项和因变量进入多元层级方程，以检验结构资本在任务冲突与人才集聚效应即信息共享、集体学习、知识溢出与创新效应之间关系的调节效应。具体过程为：第一步，将控制变量（团队规模、员工性别、学历）放入回归方程。第二步，将自变量（任务冲突）和调节变量（社会资本三个维度）放入回归方程。第三步，将乘积项放入回归方程，计算结果见表 5.23、表 5.24 与表 5.25。

表 5.23　结构资本对任务冲突与人才集聚效应关系的调节效应检验

变量	人才集聚效应		
	模型 9	模型 10	模型 11
团队规模	−0.023	−0.003	0.000
员工性别	0.015	0.024	0.019
员工学历	−0.084	−0.010	−0.013
任务冲突		0.119**	0.116**
结构资本		0.675***	0.673***
任务冲突×结构资本			−0.086*
R^2	0.229	0.517	0.524

续表

变量	人才集聚效应		
	模型 9	模型 10	模型 11
Adjusted R^2	0.214	0.505	0.510
F for R^2	15.316***	43.925***	37.499***

注：显著性水平：* $p < 0.1$；** $p < 0.05$；*** $p < 0.01$。

表 5.24　关系资本对任务冲突与人才集聚效应关系的调节效应检验

变量	人才集聚效应		
	模型 12	模型 13	模型 14
团队规模	-0.023	-0.014	0.011
员工性别	0.015	-0.035	-0.046
员工学历	-0.084	0.037	0.034
任务冲突		0.113**	0.110**
关系资本		0.673***	0.675***
任务冲突×关系资本			-0.081*
R^2	0.229	0.502	0.508
Adjusted R^2	0.214	0.489	0.493
F for R^2	15.316***	41.249***	35.098***

注：显著性水平：* $p < 0.1$；** $p < 0.05$；*** $p < 0.01$。

结构资本与任务冲突的乘积项进入回归方程后，结果见表 5.23。任务冲突与结构资本的交互作用在 $p < 0.100$ 水平，显著降低了对人才集聚效应的预测作用（$\beta = -0.089$，$p < 0.100$），并且 R^2 有变化，ΔR^2 为 0.007，Sig. $\Delta F < 0.001$。这说明，对任务冲突与人才集聚效应之间的关系，结构资本具有显著的负向调节作用，揭示了结构资本对于任务冲突与人才集聚效应之间的积极关系具有弱化作用。

关系资本与任务冲突的乘积项进入回归方程后，结果见表 5.24，任务冲突与关系资本的交互作用在 $p < 0.100$ 水平，显著降低了对人才集聚效应的预测作用（$\beta = -0.081$，$p < 0.100$），并且 R^2 有变化，ΔR^2 为 0.006，Sig. $\Delta F < 0.001$。这说明，对任务冲突与人才集聚效应之间的关系，关系资本具有显著的负向调节作用，揭示了关系资本对于任务冲突与人才集聚效应之间的积极关系具有弱化作用。

认知资本与任务冲突的乘积项进入回归方程后，结果见表 5.25，任务冲突与认知资本的交互作用在 $p < 0.100$ 水平，显著降低了对人才集聚效应的预测作用（$\beta = -0.173$，$p < 0.050$），并且 R^2 有变化，ΔR^2 为 0.021，Sig. $\Delta F < 0.001$。这说明，对任务冲突与人才集聚效应之间的关系，认知资本具有显著的负向调节作用，揭示了认知资本对于任务冲突与人才集聚效应之间的积极关系具有弱化作用。

表 5.25　认知资本对任务冲突与人才集聚效应关系的调节效应检验

变量	人才集聚效应		
	模型 15	模型 16	模型 17
团队规模	−0.023	0.035	−0.100
员工性别	0.015	−0.015	−0.023
员工学历	−0.084	−0.015	−0.056
任务冲突		0.235***	0.361***
认知资本		0.641***	
任务冲突×认知资本			−0.173**
R^2	0.229	0.116	0.137
Adjusted R^2	0.214	0.098	0.116
F for R^2	15.316***	6.732***	6.517***

注：显著性水平：*$p < 0.1$；**$p < 0.05$；***$p < 0.01$。

为了进一步解释调节效应，根据 Aiken 和 West[253] 的研究，按照均值和标准差对调节变量关系资本与自变量任务冲突分组，包括高水平组合低水平组，依次在高低水平上进行回归分析，并将结果输出，如图 5.1 所示。其中，关系资本与任务冲突分别根据其均值分为高、低两组，即高关系资本与低关系资本，高任务冲突与低任务冲突。图 5.1 是关系资本对任务冲突与人才集聚效应之间关系的调节效应图。由此可知，在高关系资本条件下，人才集聚效应随着任务冲突的增加而降低，低关系资本条件下，人才集聚效应随着任务冲突的增加而增加。它揭示了高关系资本负向调节了任务冲突与人才集聚效应之间的正向关系，从而进一步验证了假设 H5。

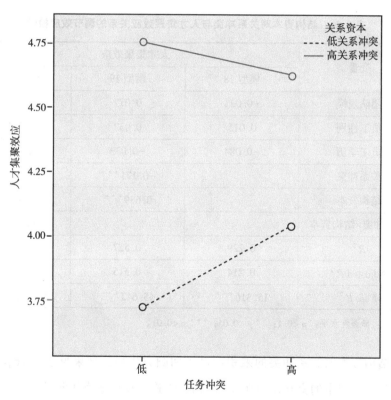

图 5.1　关系资本对任务冲突与人才集聚效应关系的调节效应

2. 社会资本对关系冲突与人才集聚效应关系的调节作用

根据调节效应检验方法，分别把关系冲突与社会资本三维度（结构资本、关系资本与认知资本）进行中心化处理，计算两者乘积，然后逐步将控制变量、自变量、乘积项和因变量进入多元层级方程，以检验结构资本在关系冲突与人才集聚效应即信息共享、集体学习、知识溢出与创新效应之间关系的调节效应。具体过程为：第一步，将控制变量（团队规模、员工性别、学历）放入回归方程。第二步，将自变量（关系冲突）和调节变量（社会资本三个维度）放入回归方程。第三步，将乘积项放入回归方程，计算结果见表5.26、表5.27与表5.28所示。

表 5.26　结构资本对关系冲突与人才集聚效应关系的调节效应检验

变量	人才集聚效应		
	模型 18	模型 19	模型 20
团队规模	−0.023	0.077	0.074
员工性别	0.015	0.032	0.024
员工学历	−0.084	−0.033	−0.034
关系冲突		−0.171***	−0.153***
结构资本		0.639***	0.638***
关系冲突×结构资本			0.052
R^2	0.229	0.527	0.529
Adjusted R^2	0.214	0.515	0.515
F for R^2	15.316***	45.642***	38.202***

注：显著性水平：$^*p<0.1$；$^{**}p<0.05$；$^{***}p<0.01$。

结构资本与关系冲突的乘积项进入回归方程后，结果见表5.26，关系冲突与结构资本的交互作用在 $p<0.100$ 水平，未能显著降低了对人才集聚效应的预测作用（$\beta=0.052$，$p>0.100$），并且 R^2 无显著变化，ΔR^2 为0.002，Sig. $\Delta F>0.100$。这说明，对关系冲突与人才集聚效应之间的关系，结构资本不具有显著的调节作用。

关系资本与关系冲突的乘积项进入回归方程后，结果见表5.27，关系冲突与关系资本的交互作用在 $p < 0.050$ 水平，显著降低了对人才集聚效应的预测作用（$\beta = 0.125$，$p < 0.050$）。因关系资本未进入回归方程，不以 R^2 有变化为依据判断调节效应是否显著，而是根据乘积项的系数是否显著。这说明，对关系冲突与人才集聚效应之间的关系，关系资本具有显著的负向调节作用，假设 H6 成立。

表 5.27　关系资本对关系冲突与人才集聚效应关系的调节效应检验

变量	人才集聚效应		
	模型 21	模型 22	模型 23
团队规模	-0.023	0.091	0.120^*
员工性别	0.015	-0.024	0.014
员工学历	-0.084	0.011	-0.096
关系冲突		-0.169^{***}	-0.445^{***}
关系资本		0.635^{***}	
关系冲突×关系资本			0.125^{**}
R^2	0.229	0.512	0.215
Adjusted R^2	0.214	0.500	0.196
F for R^2	15.316^{***}	42.947^{***}	11.255^{***}

注：显著性水平：$^*p < 0.1$；$^{**}p < 0.05$；$^{***}p < 0.01$。

认知资本与关系冲突的乘积项进入回归方程后，结果见表 5.28，关系冲突与认知资本的交互作用在 $p < 0.500$ 水平，显著降低了对人才集聚效应的预测作用（$\beta = -0.125$，$p < 0.050$）。因关系资本未进入回归方程，不以 R^2 有变化为依据判断调节效应是否显著，而是根据乘积项的系数是否显著。这说明，对关系冲突与人才集聚效应之间的关系，认知资本具有显著的负向调节作用，假设 H8 成立。

表 5.28　认知资本对关系冲突与人才集聚效应关系的调节效应检验

变量	人才集聚效应		
	模型 24	模型 25	模型 26
团队规模	-0.023	0.175***	0.120*
员工性别	0.015	-0.024	0.014
员工学历	-0.084	0.011	-0.096
关系冲突		-0.169***	-0.445***
认知资本		0.635***	——
关系冲突×认知资本			0.125**
R^2	0.229	0.512	0.215
Adjusted R^2	0.214	0.500	0.196
F for R^2	15.316***	42.947***	11.255***

注：显著性水平：* $p<0.1$；** $p<0.05$；*** $p<0.01$。

为了进一步解释调节效应的关系，根据 Aiken 和 West[253]的研究，分别对调节变量（关系资本与认知资本）与自变量关系冲突分组，依次在高水平和低水平上做回归分析，并将结果输出，如图 5.2、图 5.3 所示。其中，关系资本与关系冲突分别根据其均值分为高和低两组，即高关系资本与低关系资本，高关系冲突与低关系冲突。图 5.2 是关系资本对关系冲突与人才集聚效应之间关系的调节效应图。从图中可知，关系冲突越高，人才集聚效应越低。总体上在高关系资本条件下，人才集聚效应下降速度较快，低关系资本条件下，人才集聚效应下降速度较慢，从而进一步验证了假设 H6。图 5.3 是认知资本对关系冲突与人才集聚效应之间关系的调节效应图。从图中可知，社会资本的认知资本水平越高，这种消极关系就越弱，结果与假设 H7 一致。

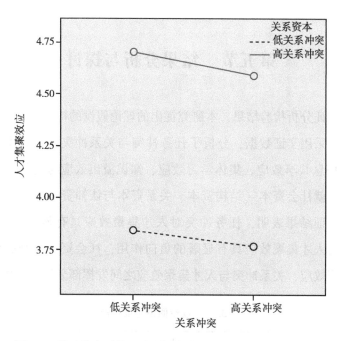

图 5.2　关系资本对关系冲突与人才集聚效应关系的调节效应

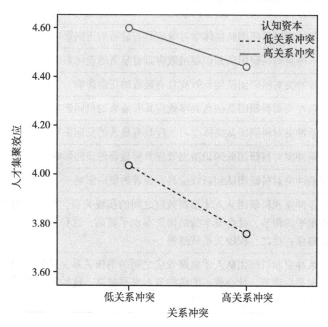

图 5.3　认知资本对关系冲突与人才集聚效应关系的调节效应

第五节　结果分析与探讨

根据实证分析检验结果，本研究提出的理论假设的检验结果见表5.29。

本研究采用实证数据，分析了任务冲突与关系冲突对科研团队人才集聚效应（信息共享效应、集体学习效应、知识溢出效应与创新效应）的影响；同时，就社会资本（结构资本、关系资本与认知资本）的调节作用展开讨论。实证结果表明，任务冲突对人才集聚效应具有显著的正向作用，关系冲突对人才集聚效应具有显著的负向作用，社会资本分别在任务冲突与人才集聚效应、关系冲突与人才集聚效应之间发挥部分调节作用。

表5.29　理论假设验证情况

假设编号	假设内容	验证情况
H1a	任务冲突对科研团队信息共享效应具有显著的正向影响	验证
H1b	任务冲突对科研团队集体学习效应具有显著的正向影响	验证
H1c	任务冲突对科研团队知识溢出效应具有显著的正向影响	验证
H1d	任务冲突对科研团队创新效应具有显著的正向影响	验证
H2a	关系冲突对科研团队信息共享效应具有显著的负向影响	验证
H2b	关系冲突对科研团队集体学习效应具有显著的负向影响	验证
H2c	关系冲突对科研团队知识溢出效应具有显著的负向影响	验证
H2d	关系冲突对科研团队创新效应具有显著的负向影响	验证
H3	任务冲突和科研团队人才集聚效应之间的积极关系，受到结构资本水平的调节，社会资本的结构资本水平越高，这种积极关系也就越强；反之，积极关系就越弱	反向验证
H4	关系冲突和科研团队人才集聚效应之间的消极关系，受到结构资本水平的调节，社会资本的结构资本水平越高，这种消极关系也就越强；反之，消极关系就越弱	未验证

续表

假设编号	假设内容	验证情况
H5	任务冲突和科研团队人才集聚效应之间的积极关系，受到关系资本水平的调节，社会资本的关系资本水平越高，这种积极关系也就越弱；反之，积极关系就越强	验证
H6	关系冲突和科研团队人才集聚效应之间的消极关系，受到关系资本水平的调节，社会资本的关系资本水平越高，这种消极关系也就越弱；反之，消极关系就越强	验证
H7	任务冲突和科研团队人才集聚效应之间的积极关系，受到认知资本水平的调节，社会资本的认知资本水平越高，这种积极关系也就越强；反之，积极关系就越弱	反向验证
H8	关系冲突和科研团队人才集聚效应之间的消极关系，受到认知资本水平的调节，社会资本的认知资本水平越高，这种消极关系也就越弱；反之，积极关系就越强	验证

在科研团队人才集聚效应产生和提升的过程中，由于团队成员的兴趣爱好、知识结构和文化背景、信息沟通与利益分配等方面的差异，不可避免地存在各种冲突。本研究旨在探讨组织冲突与科研团队人才集聚效应的关系，以及社会资本对这种关系的调节作用，结论如下。

（1）任务冲突对人才集聚效应（信息共享效应、集体学习效应、知识溢出效应与创新效应）具有积极影响，研究结论突出了任务冲突在科研团队人才集聚效应产生和提升过程中的重要作用；说明了任务冲突在某种程度上通过增强信息共享、集体学习、知识溢出与创新效应，能够提升科研团队人才集聚效应。也就是说，任务冲突通过积极参与、开放沟通，促进了团队成员间紧密协作和相互联系，增强了团队内部的互动意愿与行为，促进了组织学习与新的创新性观点的产生，从而有效地提升了团队人才集聚效应。为此，科研团队应把任务冲突培育成人才集聚效应的动力之源，搭建各种正式与非正式平台，促进团队内部成员间的沟通与交流顺畅；同时，营造促进任务冲突开展的环境，建立容忍不同观点和意见的工作机制，给予团队成员以更多的支持和授权，形成安全、自由的讨论氛围。比如，对于任务冲突中积极建言献策者及时给予反馈，并实施奖励，从而提升和鼓励建设性冲突。

（2）关系冲突对人才集聚效应（信息共享效应、集体学习效应、知识溢出效应与创新效应）具有消极影响，突出了关系冲突作为一种功能失常性冲突对人才集聚效应的负面作用。关系冲突导致团队成员花费大量时间和精力关注于团队成员间的"斗争"，从而削弱了团队整体的信息处理能力，降低了团队成员的有效沟通，减弱了彼此的认知度，导致团队成员间心理安全水平的下降，致使成员间时刻保持"戒备"心理。从人才个体的角度而言，沮丧、挫折和颓废，甚至敌对的情绪，造成了信息共享的缺失，减弱了彼此间的学习动力与学习行为，不利于知识的交流与创造。从团队整体的角度而言，关系冲突一方面给团队人际关系带来了紧张气氛，造成团队不和谐；另一方面由于"内耗""内讧"，既浪费了优质的人才资源，同时也对团队的创新绩效与有效性带来了不利的影响。为了实现科研团队人才集聚效应的产生与提升，需要对关系冲突进行正确的引导和有效的解决。为此，应采取适当的冲突治理机制。比如，关注团队合作减少消极情绪的影响[254]，同时换位思考、认真倾听、充分尊重并讨论别人的观点，促进团队知识的传播和创新。

（3）任务冲突与人才集聚效应之间的关系部分受到社会资本（结构资本、关系资本与认知资本）的调节作用。其中，任务冲突与人才集聚效应之间的关系受到结构资本的反向调节，这与本书的理论假设相反。尽管高水平的结构资本更有利于人际互动和交流，能够降低人际合作的障碍，通过频繁的沟通、争论、分析与整合，更加有效探讨解决问题的方法。但社会资本是一把"双刃剑"，过度的结构资本也可能带来负向作用。① 团队内部网络的互动倾向弱化了团队人才积极搜寻外部知识的动力，过度频繁的内部沟通、交流与合作形成了一定的知识获取、共享、整合和创新的路径依赖性[255]，提高了对内部知识的高度认同，形成认知锁定，增强了对团队外部知识、技术信息的偏见，阻碍了主动搜寻外部异质性知识的动力，不利于创新效应的产生。② 高密度网络和高强度关系容易在团队内部形成更大的知识储备，产生更加完备、系统的知识仓库，使团队人才往往倾向于采用内部知识网络解决问题。这样，在惯性思维的作用下，团队人才会形成一种僵化的思维逻辑，不利于创新思维的碰撞和新知识的持续创新。③ 对于外部知识的习惯性偏见，使得团队内部的同质性知识增多，异质性知识减少，知识势差降低，导致人才创新的动力减弱，从而不利于人才的信息共享效应、集体学习效应和知识溢出效应。

关系资本对任务冲突和人才集聚效应之间的正向关系，起负向调节作用。当关系资本（信任）较低时，任务冲突和人才集聚效应之间的积极关系很强；而当关系资本较高时，这种积极关系就会减弱。过去的研究强调了关系资本在人际合作中的重要性，突出了信任有利于知识交换的积极作用。而研究结论表明，关系资本的存在使团队成员为了维系和谐的关系，而不愿意伤害彼此的情感，阻止了与任务相关的争论，从而抑制了探索性观点的自由迸发，降低了知识交流的频率，削弱了隐性知识的扩散和溢出效应。"在交换关系条件下，信任在组织中能够产生积极的组织绩效"，与这种观点不同[256]，本研究结果显示，正是过于高度的信任，非但没有鼓励反而阻碍了与任务相关的异质性建议或观点对于创新的积极作用；指出了信任对于与任务相关问题的冲突性观点的扼杀，而不是高度的信任能够鼓励建设性讨论的产生。这说明，为了维护团队的和谐或者不伤及彼此的感情，高水平信任或许降低了团队成员间批评性观点的有效交流和沟通。因此，对于科研团队而言，应该对不同的更大范围的意见保持一种开放、批判的建设性态度，避免突破性问题解决方案被埋没；应该构建鼓励批判、质疑、创新的文化和建立畅通的沟通渠道，以获取多样化、差异性观点，并考虑如何共享、学习、集成与创新，产生人才集聚的经济性效应。

认知资本对任务冲突和人才集聚效应之间的正向关系，起负向调节作用，与本研究的理论假设相反。对此，可能的解释是，虽然认知资本能够显著提升任务冲突对于人才集聚效应的促进作用（假设H7），但团队过高的认知资本，意味着团队成员间具有较为相似的价值观和心智模式，更多地表现出对事物作出共同的解释。在这种背景下，团队成员或许产生思想、观点的趋同，造成团队内部知识信息的高同质性，从而不利于多元化、异质性信息的获取。此外，也可能由于中国传统文化即"和谐稳定""上尊下卑""三纲五常"等根深蒂固的影响，团队成员的组织所有权和组织承诺等尚未形成，使团队成员的角色外行为得不到有效的自然迸发，以致于不能真正从团队发展的角度为其生存和成长献计献策，从而使任务冲突的效果大打折扣，产生了负向调节作用。

（4）关系冲突与人才集聚效应之间的关系部分受到社会资本（结构资本、关系资本与认知资本）的调节作用。

第一，结构资本对于关系冲突与人才集聚效应之间关系的调节作用未通过检验。根据结构资本理论，高水平的结构资本带来了团队成员间互动频率的提高，但在合作中也可能造成个人仇恨与个性冲突的产生，即强联结或许会强化与关系冲突相关的消极情感，进而对人才集聚效应产生不利的影响。但研究结果并不支持以上推论，可能的原因主要有两个方面：一是团队中关系冲突水平较低，高水平的结构资本并不能对较低水平的关系冲突产生太大的作用，即较低的破坏性冲突并未引起团队成员间的"牛鞭效应"；二是科研团队成员具有较高的道德修养和情操，团队具有互相尊重、宽容失败、鼓励创新的文化环境，同时可能具有对于破坏性冲突的有效治理途径。

第二，关系资本对于关系冲突与人才集聚效应之间关系的正向调节作用得到验证。关系冲突和科研团队人才集聚效应之间的消极关系受到关系资本水平的调节，社会资本的关系资本水平越高，这种消极关系也就越弱；反之，消极关系越强。关系资本的强信任关系和共享的价值理念，能够有效提升心理资本水平，增强心理安全感，减少或化解关系冲突的风险，进而降低关系冲突对人才集聚效应的消极影响。

第三，认知资本对于关系冲突与人才集聚效应之间关系的正向调节作用得到验证。关系冲突和科研团队人才集聚效应之间的消极关系受到认知资本水平的调节，社会资本的认知资本水平越高，这种消极关系也越弱；反之，积极关系越强。表征认知资本的共同语言规范，强化了团队成员之间的共同愿景。共享愿景能够融合个人目标与企业目标，达成一致目标，形成组织承诺。共享价值观则拉近了团队成员的人际距离，增进了人际信任，降低了关系冲突的风险，从而营造了和谐的组织氛围。

本研究对于科研团队人才集聚效应的产生与提升具有一些启示：首先，为了促进人才集聚效应的实现，科研团队应考虑利用任务冲突对人才集聚效应的积极作用，避免关系冲突对人才集聚效应的消极作用。但根据相关研究，任务冲突与关系冲突存在密切的关系。任务冲突如果处理不当，也可能向关系冲突转化。因此，一方面，实现人才集聚效应需要高强度的任务冲突；另一方面，避免或减少人才集聚非经济性，也需要削减或有效处理关系冲突，使其保持较低的水平。对于团队而言，这是一个两难的抉择，科研团队应保持一个适度的冲突水平。第二，尽管社会资本在促进创新方面具有积极影响，但过于密集的社会资本往往具有"双刃剑"效应。具体来说，社会资本的结构维度提供了更多的合作可能，便于沟通协作，对于建设性冲突具有积极作用，但也加剧了关系冲突的消极影响；而认知资本与关系资本注重团队共享意愿和信任的建立，以及维持团队和谐的人际关系。它一方面削弱了任务冲突对人才集聚效应的积极作用；另一方面也弱化了关系冲突对人才集聚效应的负面影响。为此，团队在构建和应用社会资本时，应该平衡社会资本三个维度的水平，构建一个适度平衡的团队社会资本网络。

第六节　本章小结

本章在第四章的基础上，对组织冲突对科研团队人才集聚效应影响机理的理论模型进行了实证分析。首先，对样本数据进行描述性统计、效度与信度分析，保障了样本数据的可靠性与有效性。其次，基于概念模型，采用相关分析、多元回归与调节效应检验等统计分析方法，对理论假设进行了检验。研究发现，任务冲突对人才集聚效应有正向影响。关系冲突对人才集聚效应有负向影响，关系资本削弱了任务冲突对人才集聚效应的正向影响，减小了关系冲突对人才集聚效应的负向作用。认知资本降低了关系冲突对人才集聚效应的消极影响。认知资本对任务冲突与人才集聚效应关系的调节作用不成立，结构资本的调节作用未获得验证。研究结果表明，不同冲突类型对人才集聚效应具有不同的作用。在社会资本的作用下，社会资本不同维度对组织冲突与人才集聚效应之间关系的调节作用也有一定的差异性。同时，根据相关研究，任务冲突与关系冲突具有正相关关系，意味着在增加任务冲突的同时，会提高关系冲突的升级的可能性。因此，对于科研团队而言，从具体冲突的角度，应保持适度的任务冲突水平与较低的关系冲突水平。研究结论为组织冲突的有效调控提供了一定的理论依据。

第六章　科研团队组织冲突调控的可拓学方法及应用

　　组织冲突是一种特殊的组织行为，具有客观存在性、复杂性和多维性特征，长期以来受到哲学、心理学、社会学、管理学等诸多学科的关注。具有一定联系的人才，在流动集聚过程中，会在一定时空内出现人才的不均匀分布，产生人才集聚现象。而人才集聚后，可能出现经济性效应，也可能在组织与组织之间、组织与成员之间，以及成员之间产生冲突。这些冲突若不能得到有效的解决，人才集聚则可能产生不经济效应，造成人才的极大浪费。因此，对人才集聚中冲突的研究具有重要意义。令人遗憾的是，过往的相关研究对于人才集聚中冲突的研究明显不足。比如，对于冲突的调控方法，虽然有冲突的"二维模型""和谐管理理论冲突解决框架"，以及博弈论等冲突调控方法，但以上方法对组织冲突调控也存在一定的局限性。第一，传统的冲突解决机制侧重于概念模型与定性探讨。第二，尽管博弈论、和谐管理理论在一定程度上采用数学模型等定量方法解决冲突问题，但模型都具有严格的假设条件，而且数学模型主要以康托集和模糊集为基础。以上两个集合无法描述在一定条件下"非与是"的转化，因而无法作为解决冲突问题的集合论基础。可拓学的出现，为解决冲突问题提供了一个有力的工具。它以基元理论、可拓集理论、可拓逻辑为基础，具有形式化、模型化、可拓展、可收敛、可转换、可传导、整体性和综合性等特征，主要研究事物拓展的可能性。基于此，本研究借鉴可拓学的理论与方法，结合科研团队人才集聚冲突的内涵与动态过程，构建了冲突调控模型，提出了组织冲突调控的可拓方法，以期为冲突解决机制提供新的方法。

第一节　组织冲突调控方法的选择

一、组织冲突调控的若干方法

随着现代管理理论的发展，人们对于冲突的认识有了新的变化，从反对冲突到接受冲突，再到辩证的管理冲突。同时，出现了冲突管理的诸多方法，比如"避免冲突"、冲突管理的"两分法""二维模型"，以及"引入第三方"与"和谐管理理论"[257]等。

1. 冲突调控的"两分法"

相关文献把组织冲突划分为建设性冲突与破坏性冲突。拉希姆（Rahim）[189]将前人的研究成果归纳为四点：① 应该尽量减少对个人、团队与企业有消极作用的冲突。② 部分冲突与具体工作任务的组织、实施、方法与策略直接相关，往往对个人、团队或企业存在积极效应，组织应激励这种类型的冲突[257]。③ 组织及其成员应采取积极的方式来解决冲突问题。④ 冲突管理的关键在于，设计有效策略以便最小化破坏性冲突，以及最大化建设性冲突。

"两分法"尽管具有重要的理论和研究价值，但也有一些局限性，主要表现在以下两个方面。第一，"两分法"忽视了建设性冲突与破坏性冲突之间的密切关系。研究表明，两种冲突形式之间存在正相关关系。研究者往往分别研究了两种冲突形式对组织的影响，但却未考虑两者共存时其对组织的交互影响。第二，建设性与破坏性往往是冲突的两种属性，或者说两者之间可能仅是因程度的不同而产生的不同属性。

2. 冲突管理的"二维模型"

冲突管理的"二维模型"是指，从两个维度来确定冲突管理的多种处理方式。在冲突管理的相关文献中，主要是指"五种"经典的冲突调控方式。Blake 和 Mouton[258] 最早提出冲突管理的"二维模型"。其中，一维是关心人，另一维是关心生产，并界定五种典型的冲突处理策略，即竞争、合作、宽容、逃避与妥协，如图 6.1 所示。之后，许多学者如 Wall 和 Canister[60]、Thomas[70]、Rahim[189] 在 Blake 和 Mouton 的研究基础上，对二维模型进行了修正与拓展，重新界定了两个维度的名称，并对五种经典的冲突处理策略也进行了相应的修改，但其内涵基本不变。

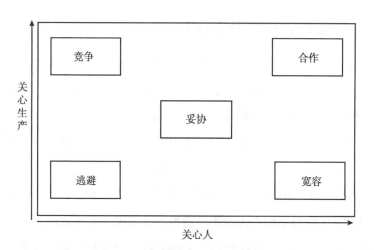

图 6.1 冲突管理的"二维模型"

冲突管理的"二维模型"提出之后，许多学者对此进行了跟踪研究和实证检验。但冲突管理的二维模式并非完美无缺，它在考量"关心人"与"关心生产"或者"合作性"与"自主性"两维度时，可能还需要思考其他的重要变量。比如，在考察自我与他人的基础上，加入理性的破坏变量，以形成冲突管理的多维模型。

3. "引入第三方"

第三方管理方式是指由于冲突导致第三方的利益可能受到威胁，或者冲突当事方没有办法就冲突事项达成一致时，由第三方进行处理。一般而言，第三方主要通过调解和仲裁的方式来解决冲突。第三方处理冲突具有较高的有效性和可信性，被认为是"公平的冲突处理方式"。

但也有学者研究认为，尽管引入第三方可以加快处理冲突的进程，但这种方法不可避免地也有一些不足[259]。第一，或许会中止原来的冲突处理程序。第二，在解决冲突的过程中，第三方可能会带有主观性和自利性因素，而影响冲突解决的公正性。第三，第三方可能导致冲突再起并迅速升级。

4. 基于和谐管理理论的冲突调控框架

和谐管理是指组织为了实现其目标，在动荡变化的环境中，以组织和谐为主旨，以优化和不确定性消减为手段，提供问题解决方案的实践活动[260]。和谐管理理论把"和则"与"谐则"作为其核心思想和重要方法。其中，"和"被界定为以包容性嵌入于组织中的人与人群的思想、观念、价值观及行为方式等；而"谐"被界定为组织所需要素的合理投入。"和则"是与"和"紧密相关的，由其内涵引申出的一系列内嵌于组织的制度、机制或规制等。其目的在于管理组织中人的不确定性，以实现人与人之间、人与团队之间、团队与组织间、组织与社会之间的共融共处。"和则"依次审视人在组织中、人群在组织中、以及组织于社会自然的基本价值与功能定位[257]，目的在于减少组织中的不确定性。"谐则"是指任何以要素为基础的管理实践问题，均可在一定的约束条件和目标下采用"数学模式/方程"达到问题的有效解决；"谐则"依次对应物要素间的匹配性、调适性和优化性[257]。

采用和谐理论进行组织冲突调控的基本框架包括：① 对组织所处的内外环境进行归纳分析，考察影响组织冲突的因素，并区分为人的要素与物的要素。② 深入分析冲突的效应，分别针对人的要素和物的要素，采用相应的"谐则"与"和则"工具进行冲突调控与管理，以维持适当的组织冲突水平，保持组织绩效的最大化，如图6.2所示。

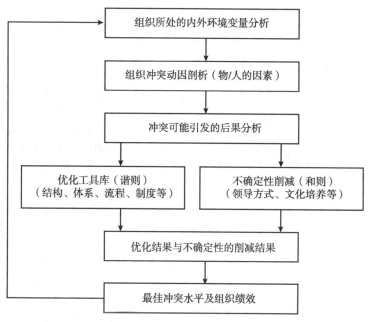

图6.2 基于和谐管理理论的冲突管理框架

5. 博弈论方法

博弈论是一个重要的研究方法和工具。博弈论引入冲突问题，为冲突的解决提供了一个重要的数学工具[261]。博弈论方法的基本应用步骤如下：① 构建数学模型。根据冲突的本质，进行数学建模，收集数据开展研究。② 进行系统分析，包括冲突的性质、原因、种类、特征、影响及后果等，同时对问题的存在性、唯一性和最优性进行定量分析。③ 计算机实现。进行求解，检验结果的一致性，有利于完善定性分析，发现定量模型的不足。④ 把结果提供给管理决策者。

综上所述，本研究简要阐述了组织冲突调控的五种方法，其基本内容与局限性见表6.1。

表 6.1　若干冲突调控方法的比较

名称	基本理论/假设	优点	局限性
两分法	功能正常/功能失调	一分为二看问题，冲突既具有破坏性，也具有建设性	忽视了冲突正反两方面的正相关关系；正反冲突的度难以把握
二维模型	关心人/关心生产	从两个维度界定了五种冲突的调控方法	每种调控方法的适用条件不同；可能还需要考量其他更重要的变量
引入第三方	调解或仲裁的方式	间接解决冲突问题	可能打断已经启动的冲突调控进程；具有一定的主观性，可能影响冲突调控结果的公正性；可能加剧冲突
和谐管理理论方法	和谐管理理论	定量与定性的方法	仅给出了调控冲突的基本框架；如何从人和物的视角分离出冲突动因，以及如何设计"谐则""和则"，尚待进一步研究
博弈论	博弈论	有效地解决合作与不合作的问题	适用条件苛刻；其数学模型无法表达事物在一定条件下的性质变化

二、可拓学方法解决组织冲突问题的依据

如前文所述，先前研究者对于组织冲突调控提出了诸多方法，这些方法对于组织冲突调控具有重要的影响和价值，对于后续相关研究具有重要的参考和启示。但是，这些经典的组织冲突调控方法，也存在一定的局限性和不足。比如，冲突调控的"两分法""二维模型"等经典方法，侧重于从定性的视角构建概念模型探讨冲突调控的策略；博弈论与和谐管理理论，采用数学模型等定量方法解决冲突问题，但模型都具有严格的假设条件，

而且数学模型主要以康托集和模糊集为基础，导致以上两个集合无法描述在一定条件下"非与是"的转化问题，因此无法作为解决冲突问题的集合论基础。对于科研团队而言，冲突是一个永恒的话题，冲突对科研团队人才集聚效应影响存在复杂的、多变的、动态的效应。以往的冲突管理与调控方法，已经不能完全适应动态环境下组织对冲突管理策略的需求。如何提升对于组织冲突的正确认识？如何激发建设性冲突，削减破坏性冲突？如何有针对性地提出调控组织冲突的策略，以提升科研团队人才集聚效应？这些问题需要从理论和实践两个方面进行积极的探索。

以可拓学的物元模型、可拓集合和关联函数理论为基础而创立的可拓综合分析方法，是由我国数学家蔡文先生创立的多元数据量化决策的一种新方法[262]。经过几十年不断的努力和探索，可拓学理论已基本形成了包括基元理论、可拓集理论与可拓逻辑的理论体系。其中，基元理论是可拓学的基础，它通过物、事、关系构建可拓模型，形式化地表达了矛盾问题；可拓集是区别于康托集与模糊集的一种新的集合。康托集表征事物的确定性，模糊集表征事物的模糊性，可拓集表征事物的扩展性，描述事物"是"与"非"的相互转化；可拓逻辑不同于数理逻辑和模糊逻辑，它借鉴了形式逻辑的优点，利用了辩证逻辑研究事物的外延和内涵的思想，主要研究化矛盾问题为不矛盾问题的变换和推理规律。

可见，可拓学方法为解决组织冲突调控问题提供了一个新的方法。根据可拓理论，可拓模型与可拓方法具有拓展性、动态性和复合性，既能够对独立的冲突问题进行调控分析，又能够把组织中多个冲突进行归并成单目标问题，对组织的整体冲突水平进行分析。可拓学方法不但可以从冲突发生的动因进行多角度、多因素分析，而且可拓集合中"既是又非"的临界概念，摆脱了经典数学"非此即彼"的二值限制[262]，反映了组织冲突破坏性与建设性相互转化的过程。此外，可拓方法不仅可形式化地描述组织冲突的状态，也可通过拓展分析给出冲突调控的策略。

第二节　组织冲突调控的可拓模型构建

可拓学方法是解决矛盾问题的主要方法。矛盾是指互相抵触、互不相容的状态。矛盾是客观存在的，具有普遍性，矛盾无时不在、无时不有，贯穿于一切事物发展的始终。而冲突则表现为双方行动上的不相容，心理上的排斥与对抗。冲突的发生需要具备一定的条件，不具有普遍性。因此，矛盾的外延比冲突要广，即某些矛盾会在一定的条件下发展为冲突。此外，矛盾与冲突在内涵上具有相似性和一致性。因此，用于解决矛盾问题的可拓学方法，对于组织冲突同样也具有适用性和可行性。在可拓学中，矛盾问题被分为三类，其一是主观和客观矛盾的问题，简称为不相容问题；其二是主观与主观矛盾的问题，简称为对立问题；其三是自然存在的、没有人为干预的客观矛盾问题[263]。因此，本研究拟采用可拓学方法构建冲突的形式化可拓模型，为了组织冲突的调控奠定理论基础。为了准确理解组织冲突的动态过程，首先需要对科研团队组织冲突的形成进行博弈分析。

一、科研团队组织冲突形成的博弈分析

在科研团队人才聚集效应实现的过程中，需要团队成员之间协同合作。但在其合作创新过程中，往往存在团队成员个人目标与团队目标的不一致、团队成员文化背景的差异、团队沟通不畅、团队组织结构不合理等因素的影响；科研团队存在冲突的风险致使创新失败，产生人才聚集非经济性效应，从而给团队持续创新带来不利影响。科研团队冲突的产生在一定程度上受团队成员之间的合作关系或利益关系的影响。无论是任务冲突，还是关系冲突，其本质上都是团队成员之间相互博弈的结果。在科研团队合作的过程中，科研团队都有自己的策略选择，并努力使其利益最大化。本研

究拟采用博弈论分析科研团队冲突形成的内在机理。

1. 科研团队冲突形成的"囚徒困境博弈"分析

科研团队是一个较为复杂多变的系统，团队成员面临着动态的环境和决策条件的不断变化。为了更好地对科研团队冲突形成机理进行分析，本研究提出如下假设：① 设团队成员中仅存在两个人，分别为甲和乙，均为有限理性。② 设两个成员甲和乙在冲突处理过程中，具有两种可选策略，（低冲突度 LC，高冲突度 HC）。其中，低冲突度策略表明成员愿意采取合作策略，两者往往选择沟通、妥协与不对抗的合作行为。高冲突度策略 HC 表明团队成员不愿意采取合作策略，个人目标与团队目标或其他成员的目标差异度大，往往选择竞争和对抗获取自身利益的最大化的不合作行为。显然，低冲突度策略有助于增进团队成员间的信任，减少冲突，利于合作；而高冲突度策略容易产生紧张、沮丧与不安情绪，出现不信任与机会主义行为，导致冲突或不合作行为的产生。③ 科研团队成员对彼此的个性特征、战略空间与支付函数具有准确的把握。④ 没有外界的干预，团队成员仅根据自身利益和偏好作出抉择。⑤ 本冲突属于静态博弈，策略选择同时进行，无先后之分。因此，提出了科研团队冲突的"囚徒困境"模型，见表 6.2。

表 6.2　团队成员冲突"囚徒困境博弈"模型

		团队成员乙	
	策略	低冲突度	高冲突度
团队成员甲	低冲突度	(60, 60)	(-40, 100)
	高冲突度	(100, -40)	(0, 0)

在表 6.2 中，当团队成员甲和乙均选择低冲突度策略时，两个人的收益相同，均为 60。如果有一方选择高冲突度策略，而另一方选择低冲突度策略，则选择高冲突度策略的一方收益为 100，另一方收益为-40。如果双方均选择高冲突度策略，则收益相同，均为 0。由于团队成员均是理性人，并

且同时作出决策，因此，都想使自身收益达到最大化。在进行策略选择时，都会担心对方选择高冲突度策略而使自身收益降低。因此，团队成员都会选择高冲突度策略，从而使该模型的均衡解为（0，0）。但对于成员甲和乙，他们均未实现其收益的最大化，陷入了"囚徒困境"。在这种情况下，甲和乙有可能发生冲突，不利于团队创新。一般而言，这种囚徒困境出现于团队的初创阶段，成员之间信任度低，交流沟通少，谷易产生团队冲突。对于"囚徒困境"来说，这是一次性博弈，即静态博弈，其纳什均衡解也是唯一的，同时也是最不理想的结果。实际上，在科研团队中，科研团队成员之间的合作往往是多次的、反复的、长期的过程。因此，分析建立重复博弈模型，对于科研团队冲突形成机理更具有可行性和有效性。

2. 科研团队冲突形成的无限次博弈分析

在重复博弈条件下，科研团队成员的收益和策略行为选择会发生较大的变化。假设在科研团队中，某团队成员基于不完全理性行为选择了低冲突度策略，从而实现了双方和团队收益的最大化。假设贴现因子为 γ（$0 < \gamma < 1$），博弈从 $t = 1$ 开始，重复 N 次（$N \to \infty$）。

当科研团队成员甲采取低冲突度策略时，成员乙观察到科研团队成员甲的策略选择时，成员乙也会一直选择低冲突度策略，由此可计算出成员甲的总收益［式（6.1）］：

$$V_1 = 60s + 60s\gamma + 60s\gamma^2 + \cdots + 60s\gamma^N = 60s/(1 - \gamma) \qquad (6.1)$$

反之，如果成员甲从一开始就处于理性选择高冲突度策略，则科研团队成员乙会采取"以牙还牙"，在以后各期的博弈中持续选择高冲突度策略以惩罚成员甲，直到成员甲改变策略。而对于成员甲来说，如果一开始选择高冲突度策略，则第一期博弈的总收益为100s。由于成员 B 在后期博弈中采取"以牙还牙"策略，则两成员的收益均为0。此时，对于成员甲，如果选择高冲突度策略，其各期的总收益为：$V_2 = 100s + 0\gamma + 0\gamma^2 + \cdots + 0\gamma^N =$

$100s$，令 $V_1 > V_2$，则 $\gamma > 1/4$。因此，对于科研团队成员的最优选择是低冲突度策略，这表明在博弈次数无限长时，双方都会出于个人收益最大化考虑，选择低冲突度策略。重复博弈往往存在于科研团队的成长期和成熟期。此时，团队成员之间信任度很高，彼此充分了解，人与人之间、人与团队之间关系融洽，个人目标与团队目标较为一致。因此，团队成员之间的重复合作和博弈减少了冲突的可能。

二、科研团队组织冲突的动态过程

根据前文分析，引起科研团队冲突的原因是复杂的，包含人才个性差异、价值观、沟通障碍、利益分配等多种因素。为了明晰科研团队冲突的发展动态，以及提出冲突调控的具体策略，本研究以利益冲突为例，主要基于以下考虑。

人才在团队聚集过程中，由于人才的利益诉求、信息沟通、创新风险和创新贡献等多种因素的影响，同时伴随着学习交流、任务分派、协同合作、工作实现和创新资源的配置等活动，团队成为包括心理利益、管理利益和经济利益等多种利益互相交织的载体，从而产生了人才与人才之间、人才与团队之间、团队与团队之间，诸如创新资源的分配、创新风险和利益竞争等问题，即所谓的利益冲突现象。它是指团队成员之间由于不相容的行为或对立的目标，所形成的组织不和谐状态，主要包括：① 团队人才集聚冲突是团队组建和运行过程中由于人才集聚、合作中产生的行为不相容和目标对立的心理状态。② 团队人才集聚冲突主要是指人与人之间的冲突。冲突的主体是人，客体包括利益、欲望、目标、观点、价值观等。③ 团队人才集聚冲突是一个动态的过程，表现为人才之间协同合作时彼此冲突感知、冲突反应和冲突的结果。④冲突的人才之间，既存在合作，又存在竞争，体现了冲突的两重特性。

1. 科研团队创新合作项目的分解

科研团队创新合作项目的分解，假设科研团队由 n 个成员构成，创新项目的完成过程分为 m 个阶段，具体见图 6.3。

图 6.3　科研团队创新项目的分解

2. 科研团队收益分配的原则

科研团队收益分配机制的根本原则是"风险共担，收益共享"。科研团队在建立之初，根据相关契约或协议，确定了合理的收益分配方案。团队在运行过程中，也可能存在创新贡献与创新风险的动态变化。因此，应及时对收益分配方案进行合理调整与完善，以避免造成冲突。

假设科研团队创新项目成功后总的创新收益为 v，且 $v_1 + v_2 + \cdots v_k + \cdots + v_m = v$。其中，团队成员 i（$i = 1, 2, \cdots, n$）在第 k 阶段的创新投入为 IC_{ik}，创新风险系数为 IR_{ik}，利益分配比例为 a_{ik}（它是贡献和风险的函数，记为 $a_{ik} = f(IC_{ik}, IR_{ik})$）。团队成员 i 的第 k 阶段的创新收益为 v_{ik}，记 $v_{ik} = a_{ik}v_k$。科研团队在第 k 阶段创新收益的分配原则如下。

（1）科研团队的收益归所参与的各个团队成员共享，即 $\sum_{i=1}^{n} a_{ik} = 1$。

（2）团队成员的收益随其创新贡献的增加而增大，即 $a_{ik} \propto IC_{ik}^{d}$（$d > 0$）。

（3）成员的收益随着所承担的风险的增加而增大，即 $a_{ik} \propto IR_{ik}^{e}$（$e > 0$）。

综合以上，创新收益与创新贡献及创新风险之间的关系为 $a_{ik} \propto IC_{ik}^{d} IR_{ik}^{e}$（$d, e > 0$）

为简化分析，不失一般性，取 $d = e = 1$，此时，$a_{ik} = \dfrac{\mathrm{IC}_{ik}\mathrm{IR}_{ik}}{\sum\limits_{i=1}^{n}(\mathrm{IC}_{ik}\mathrm{IR}_{ik})}$，因

此，团队成员的创新收益可以表示为 $\dfrac{\mathrm{IC}_{ik}\mathrm{IR}_{ik}}{\sum\limits_{i=1}^{n}(\mathrm{IC}_{ik}\mathrm{IR}_{ik})}v_k$。

3. 科研团队冲突发展的动态过程

关于冲突的动态过程通常有"三阶段论""四阶段论"和"五阶段论"等[264]，以"三阶段论"最为常见，即包括隐性冲突、感觉冲突和显性冲突。其中，隐性冲突是指在团队人才集聚过程中，基于共同目标，以人才创新能力为依托进行协作创新，但由于创新风险、以及创新贡献的大小而使未来具有较大的不确定性，从而在人才之间蕴含着组织冲突的可能性。感觉冲突是指在团队人才集聚过程中，已经能够感觉到或意识到的冲突，但其还未爆发出来，冲突的解决与否取决于人才对冲突的认知态度。显性冲突是指已经出现的冲突，并对人才集聚产生一定的影响，见图 6.4 所示。

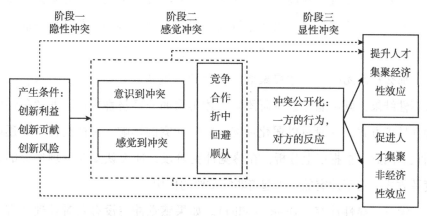

图 6.4　冲突的过程和形态（虚线表示潜在影响或无实质性影响）

冲突对人才集聚效应的影响存在两种效应：一是正效应，二是负效应。正效应体现在冲突促进了创新性、基于创新项目的深刻理解、知识共享、

交流意愿的增强和高质量决策等方面，增强了团队凝聚力、适应力，提升了人才集聚的经济性效应。负效应体现在资源配置不合理、心理资本水平降低以及组织沟通困难、思维僵化等方面，将出现不和谐，破坏合作关系，产生能耗和浪费，造成高成本和低效能，导致人才集聚不经济性效应。

首先，潜在冲突（Latent conflict），也称为隐性冲突。在科研团队中，团队成员之间为完成创新项目，按照"风险共担、收益共享"的原则分配工作任务。但是，由于创新风险的不确定性，以及创新贡献的动态性使团队成员之间在收益分配上存在可能引起冲突的因素，只是这些因素暂时还比较稳定，团队成员之间关系较为融洽，可以实现和平共处。因此，可以认为，潜在冲突时刻存在于团队中，但由于其隐蔽性，尚未引起成员的关注。

其次，感觉冲突（Felt conflict），也就是已开始被团队成员感觉和体察到的冲突。此时，成员之间有一些不公平的感觉，可能会评价自己做出的创新贡献与承担的创新风险，估计自己应该获取的创新收益；同时，会与同其他团队成员进行横向对比。在感觉冲突阶段，团队成员必须采取适当的冲突处理方式或策略，比如竞争或是回避或者妥协等。若是均采取了竞争策略，可能的结果要么是解决冲突，要么是冲突升级。如果冲突得到解决，那么科研团队的人才集聚效应会得到产生和提升；若冲突升级，产生破坏性结果，则可能导致科研团队人才集聚的非经济性效应。非竞争性的冲突处理方式，一般可以弱化冲突，削减冲突的影响，可能会使冲突逐渐消亡。因此，根据以上分析，在感觉冲突阶段，冲突认知与处理冲突的态度及方式，对于冲突的解决起着非常重要的作用。

第三，显性冲突（Overt conflict）。如果感觉冲突没有及时处理和有效解决，则冲突会由感觉变为显性的行为和心理对抗，并对科研团队人才集聚效应产生消极影响，出现团队人才集聚效应的劣质化。

三、科研团队组织冲突的可拓模型

1. 模型构建的基本知识[53]

定义 1：以物 O_m 为对象，c_m 为特征，O_m 关于 c_m 的量值 v_m 构成的有序三元组 $M = (O_m, c_m, v_m)$ 作为描述物的基本元，称为一维物元。

定义 2：物 O_m，n 个特征 $c_{m1}, c_{m2}, \cdots, c_{mn}$ 及 O_m 关于 $c_{mi}(i = 1, 2, \cdots, n)$ 对应的量值 $v_{mi}(i = 1, 2, \cdots, n)$ 所构成的阵列。

$$M = \begin{bmatrix} O_m, & c_{m1}, & v_{m1} \\ & c_{m2}, & v_{m2} \\ & \vdots & \vdots \\ & c_{mn}, & v_{mn} \end{bmatrix} = (O_m, C_m, V_m) \text{ 称为 } n \text{ 维物元。}$$

定义 3：把动作 O_a、动作的特征 c_a 及 O_a 关于 c_a 所取得的量值 v_a 构成的有序三元组 $A = (O_a, c_a, v_a)$ 作为描述事的基本元，称为一维事元。动作的基本特征包括支配对象、施动对象、接受对象、时间、地点、程度和方式等。

定义 4：动作 O_a，n 个特征 $c_{a1}, c_{a2}, \cdots, c_{an}$ 和 O_a 关于 $c_{a1}, c_{a2}, \cdots, c_{an}$ 取得的量值 $v_{a1}, v_{a2}, \cdots, v_{an}$ 构成的阵列。

$$\begin{bmatrix} O_a, & c_{a1}, & v_{a1} \\ & c_{a2}, & v_{a2} \\ & \vdots & \vdots \\ & c_{an}, & v_{an} \end{bmatrix} = (O_a, C_a, V_a) \triangleq A \text{ 称为 } n \text{ 维事元。}$$

定义 5：关系 O_r，n 个特征 $c_{r1}, c_{r2}, \cdots, c_{rn}$ 和相应的量值 $v_{r1}, v_{r2}, \cdots, v_{rn}$ 构成的 n 维阵列。

$$\begin{bmatrix} O_r, & c_{r1}, & v_{r1} \\ & c_{r2}, & v_{r2} \\ & \vdots & \vdots \\ & c_{rn}, & v_{rn} \end{bmatrix} = (O_r, \ C_r, \ V_r) \triangleq R$$ 称为 n 维关系元，用于描述 v_{r1}

和 v_{r2} 的关系。

定义 6：基元是物元、事元和关系元的统称。

定义 7：复合元是物元、事元和关系元的复合表示形式。复合元有多种形式，如物元与物元形成的复合元，物元与事元形成的复合元等[265]。为统一描述复合元，本研究给出复合元的模型化形式：

$$\begin{bmatrix} O_{cm}, & c_{cm1}, & v_{cm1} \\ & c_{cm2}, & v_{cm2} \\ & \vdots & \vdots \\ & c_{cmn}, & v_{cmn} \end{bmatrix} = (O_{cm}, \ C_{cm}, \ V_{cm}) \triangleq CM$$

其中，O_{cm} 表示复合的对象，包括物 O_m、动作 O_a、关系 O_r 或物元 M、事元 A、关系元 R 或者复合元等。c_{cm1}，c_{cm2}，$\cdots$，c_{cmn} 表示复合对象的 n 个特征；v_{cm1}，v_{cm2}，$\cdots$，v_{cmn} 表示复合对象相应特征的对应量值、相应复合元或基元。

定义 8：设 U 为论域，u 是 U 中的任一元素，k 是 U 到实域 I 的一个映射，$T = (T_U, \ T_k, \ T_u)$ 是给定的变换，称：$\tilde{E}(T) = \{(u, y, y')u \in T_U U, \ y = k(u) \in I, \ y' = T_k k(T_u u) \in I\}$。

它为论域 U 上的一个可拓集，$y = k(u)$ 为 $\tilde{E}(T)$ 的关联函数，$y' = T_k k(T_u u)$ 为 $\tilde{E}(T)$ 的可拓函数。其中，T_U，T_k，T_u 分别为对论域 U、关联函数 k 和元素 u 的变换。

定义 9[265]：给定问题 $P = G \times L$，其中，G、L 为基元、复合元或基元运算式。设 c_0 为评价特征，c_{0s} 为目标 G 实现时关于 c_0 所需要的特征，正域为

X_0，量值域为 X，且 $X_0 \subset X$，c_{0t} 为条件 L 中的对象元 Z_0 关于 c_0 提供的特征，量值为 $c_{0t}(Z_0)$，$Z_0 \in \{M, A, R\}$，记为 $g_0 = (Z_0, c_{0s}, X_0)$，$l_0 = (Z_0, c_{0t}, c_{0t}(Z_0))$，称：$P_0 = g_0 \times l_0$ 为问题 P 的核问题。

定义 10：关联函数用来刻划论域中的元素具有某种性质的程度。简单关联函数定义如下：正域为有限区间 $X = <a, b>$，$M \in X$，则其关联函

$$数为 k(x) = \begin{cases} \dfrac{x - a}{M - a}, & x \leq M \\[2mm] \dfrac{b - x}{b - M}, & x \geq M \end{cases}。$$

定义 11：拓展分析包括发散分析、相关分析、蕴含分析和可扩分析，其目的在于寻找更多的解决冲突问题的途径。

定义 12：可拓变换包括基元可拓变换、关联函数可拓变换和论域的可拓变换三种，通过可拓变换可以找到解决冲突的策略集。

定义 13：设对象 $\Gamma_0 \in \{M, A, R, Co, k, U\}$（即 Γ_0 为物元、事元、关系元、复合元、准则、论域中的任一对象），将 Γ_0 转变为另一个同类对象 Γ_0' 或多个同类对象 $\Gamma_1, \Gamma_2, \cdots, \Gamma_n$ 的变换，称为对象 Γ_0 的可拓变换，记作 $T\Gamma_0 = \Gamma$ 或 $T\Gamma_0 = \{\Gamma_1, \Gamma_2, \cdots, \Gamma_n\}$ [266]。

原理 1：从一个基元出发，可以拓展出多个同征基元，且同征基元集一定是非空的，即 $B = (O, c, v) \dashv \{(O_1, c, v_1), (O_2, c, v_2), \cdots (O_n, c, v_n)\}$。

原理 2：给定物元 $M(t) = (O_m(t), c_m, c_m(O_m(t)))$，则至少存在一个同征物元 $M_c(t) = (O_m'(t), c_m, c_m(O_m'(t)))$，或同物物元 $M_0(t) = (O_m(t), c_m', c_m'(O_m(t)))$ 或异物物元 $M'(t) = (O_m'(t), c_m', c_m'(O_m'(t)))$，使 $M(t) \sim M_c(t)$ 相关，或 $M(t) \sim M_0(t)$ 相关，或 $M(t) \sim M'(t)$ 相关。

2. 模型假设条件

（1）团队人才属于理性经济人。人才在一定的约束条件下实现自身利

益的最大化。

（2）团队创新项目实现的总利益为 v，其实现可以分解为 T 个阶段，每个阶段的利益为 v_k，人才 i 在第 k 阶段的贡献为 IC_{ik}，创新风险系数为 IR_{ik}，利益分配比例为 a_{ik}（它是贡献和风险的函数）。

（3）人才获取的利益与创新贡献和承担的创新风险正相关。人才获取的利益是多种利益的复合体，包括经济利益、心理利益和管理利益等方面。比如，经济利益的高薪、心理利益的人际和谐与管理利益的权力占有等。创新贡献是指人才的创新投入，主要指人才的创新能力投入、学习能力投入、协作能力投入和知识共享能力投入等。创新风险是指由于劣质化变量所产生的创新不确定性。

（4）利益冲突包括隐性冲突、感觉冲突和显性冲突三个阶段。

（5）以团队人才获取的利益作为目标复合元，以创新贡献和创新风险为条件复合元。人才集聚冲突由目标复合元和条件复合元构成，其基本形式为式（6.2）

$$P = (g_1 \wedge g_2 \wedge \cdots \wedge g_s) \times (l_1 \wedge l_2 \wedge \cdots \wedge l_s), (g_1 \wedge g_2 \wedge \cdots \wedge g_s) \uparrow$$
$$(l_1 \wedge l_2 \wedge \cdots \wedge l_s) \tag{6.2}$$

式中，g、l 分别表示目标和条件。"↑"说明目标在给定条件下不能实现，即该问题为不相容问题或对立问题。

3. 冲突的复合元模型

基于前文分析，科研团队成员在第 k 阶段收益分配的动态冲突复合元模型如下。

（1）隐性冲突。在创新项目第 k 阶段初期，即 t_{k-1} 时刻，团队根据各人才在第 k 阶段可预见的创新风险与创新贡献的大小，并按照利益配置原则，确定团队人才的利益方案。此时，团队内各人才之间的利益目标是相容的，但由于创新环境的变化所产生的不确定性，冲突产生的温床可能已经存在。

随着环境的变化，温床可能消失，也可能孕育冲突，导致创新利益潜藏着一定的冲突风险。但由于隐性冲突的隐蔽性，其对人才集聚不产生实质性影响。

在 t_{k-1} 时刻，预计第 k 阶段末人才 i 的创新利益目标复合元为式 (6.3)，

$$gA_{ik} = \begin{bmatrix} O_{a'} & c_{a1'} & v_{a1} \\ & c_{a2'} & v_{a2} \\ & c_{a3'} & v_{a3} \\ & c_{a4'} & v_{a4} \end{bmatrix} = \begin{bmatrix} 获取, & 支配对象, & M_{ik} \\ & 施动对象, & 团队 \\ & 接受对象, & 人才\ i \\ & 时刻, & t_{k-1} \end{bmatrix} \quad (6.3)$$

式中，$M_{ik} = [$创新利益，大小，$y_{ik}]$。

在 t_{k-1} 时刻，预计人才 i 在第 k 阶段的创新贡献与创新风险的条件复合元为式 (6.4) 和式 (6.5)

$$lA_{ik1} = \begin{bmatrix} O_{a1'} & c_{a1'} & v_{a1} \\ & c_{a2'} & v_{a2} \\ & c_{a3'} & v_{a3} \\ & c_{a4'} & v_{a4} \end{bmatrix} = \begin{bmatrix} 投入, & 支配对象, & M_{ik1} \\ & 施动对象, & 人才\ i \\ & 接受对象, & 人才聚集效应 \\ & 时刻, & t_{k-1} \end{bmatrix}$$

$$(6.4)$$

式中，$M_{ik1} = [$创新贡献，大小，$IC_{ik}]$。

$$lA_{ik2} = \begin{bmatrix} O_{a2'} & c_{a1'} & v_{a1} \\ & c_{a2'} & v_{a2} \\ & c_{a3'} & v_{a3} \\ & c_{a4'} & v_{a4} \end{bmatrix} = \begin{bmatrix} 投入, & 支配对象, & M_{ik2} \\ & 施动对象, & 人才\ i \\ & 接受对象, & 人才聚集效应 \\ & 时刻, & t_{k-1} \end{bmatrix}$$

$$(6.5)$$

式中，$M_{ik2} = [$创新风险，大小，$IR_{ik}]$。

其中，$i = 1, 2, 3, \cdots, s$，表示团队由 s 个人才组成。gA_{ik} 表示在时刻 t_{k-1} 预测的第 k 阶段的人才 i 获取的利益。lA_{ik1} 和 lA_{ik2} 表示在时刻 t_{k-1} 预测的

第 k 阶段人才 i 的创新贡献和创新风险。$y_{ik} = \mathrm{IC}_{ik}\mathrm{IR}_{ik}v_k / \sum_{i=1}^{s}(\mathrm{IC}_{ik}\mathrm{IR}_{ik})$，表示团队人才 i 在第 k 阶段的获取的利益，对应于团队中任意两个人才 mn（mn 处于 1 到 s 之间），当满足 $y_{mk} = \mathrm{IC}_{mk}\mathrm{IR}_{mk}v_k / \sum_{i=1}^{s}(\mathrm{IC}_{ik}\mathrm{IR}_{ik})$ 与 $y_{nk} = \mathrm{IC}_{nk}\mathrm{IR}_{nk}v_k / \sum_{i=1}^{s}(\mathrm{IC}_{ik}\mathrm{IR}_{ik})$ 时，说明人才 m 和人才 n 在第 k 阶段之初，按照可预见的创新贡献和创新风险系数大小确定各自的利益，团队各人才之间利益均衡。则此刻的冲突模型为式（6.6）

$$P = (gA_{mk} \wedge gA_{nk}) \times ((lA_{mk1} \otimes lA_{mk2}) \wedge (lA_{nk1} \otimes lA_{nk2})),$$
$$(gA_{mk} \wedge gA_{nk}) \downarrow ((lA_{mk1} \otimes lA_{mk2}) \wedge (lA_{nk1} \otimes lA_{nk2})) \qquad (6.6)$$

式中，"↓"说明该冲突为相容问题。

（2）感觉冲突。创新项目在第 k 阶段，可预见的创新贡献和风险逐步确定，人才 m 与 n 根据自己的创新贡献和承担的风险界定自己的创新利益。当人才发现所获利益不均衡时，在利益总额一定的条件下，则会产生冲突，称之为感觉冲突。感觉冲突对人才集聚是否造成影响，决定于人才对于冲突的态度以及所采取的应对措施。如果人才能够树立正确的冲突观，及时预防或化解冲突，使其能够及时圆满解决，则感觉冲突不会对人才集聚产生影响；否则，感觉冲突转变为显性冲突，比如情感冲突，将直接阻碍人才集聚的组织化，造成人才集聚的非经济性效应。

$t_j(k-1 < j < \kappa)$ 时刻，根据所承担的创新风险和创新贡献，预测第 k 阶段的各自创新贡献及其承担的创新风险，人才 m 与人才 n 的预期利益分别为：$y_{mj}y_{nj}$，预期的创新贡献和风险系数为：IC_{mj}，IC_{nj} 与 IR_{mj}，IR_{nj}。创新利益的目标复合元为式（6.7）

$$gA_{ij} = \begin{bmatrix} O_{a'} & c_{a1'} & v_{a1} \\ & c_{a2'} & v_{a2} \\ & c_{a3'} & v_{a3} \\ & c_{a4'} & v_{a4} \end{bmatrix} = \begin{bmatrix} \text{获取,} & \text{支配对象,} & M_{ij} \\ & \text{施动对象,} & \text{科研团队} \\ & \text{接受对象,} & \text{人才 } i \\ & \text{时刻,} & t_j \end{bmatrix} \qquad (6.7)$$

式中，$M_{ij} = [$创新利益，大小，$y_{ij}]$。

相应的条件复合元表示为式（6.8）和式（6.9）

$$lA_{ij1} = \begin{bmatrix} O_{a1'} & c_{a1'} & v_{a1} \\ & c_{a2'} & v_{a2} \\ & c_{a3'} & v_{a3} \\ & c_{a4'} & v_{a4} \end{bmatrix} = \begin{bmatrix} 投入, & 支配对象, & M_{ij1} \\ & 施动对象, & 人才\ i \\ & 接受对象, & 人才聚集效应 \\ & 时刻, & t_j \end{bmatrix}$$

(6.8)

式中，$M_{ij1} = [$创新贡献，大小，$IC_{ij}]$。

$$lA_{ij2} = \begin{bmatrix} O_{a2'} & c_{a1'} & v_{a1} \\ & c_{a2'} & v_{a2} \\ & c_{a3'} & v_{a3} \\ & c_{a4'} & v_{a4} \end{bmatrix} = \begin{bmatrix} 承担, & 支配对象, & M_{ij2} \\ & 施动对象, & 人才\ i \\ & 接受对象, & 人才聚集效应 \\ & 时刻, & t_j \end{bmatrix}$$

(6.9)

式中，$M_{ij2} = [$创新风险，大小，$IR_{ij}]$。

当人才 m 的创新风险系数增大同时满足 $y_{nj} = y_{nk}$ 时，表示人才 m 的实际贡献大于第 k 阶段初期的预计贡献，按照利益均衡原则，所获利益应相应增加，在阶段总利益 v_k 和其他人才收益不变的条下，$y_{mj} + y_{nj} + (\sum_{i=1}^{s} y_{ij} - y_{mj} - y_{nj}) > v_k$，人才 m 与人才 n 将会在利益分配上产生冲突。此时的模型为式（6.10）

$$P = (gA_{mj} \wedge gA_{nj}) * ((lA_{mj1} \otimes lA_{mj2}) \wedge (lA_{nj1} \otimes lA_{nj2})),$$
$$(gA_{mj} \wedge gA_{nj}) \uparrow ((lA_{mj1} \otimes lA_{mj2}) \wedge (lA_{nj1} \otimes lA_{nj2}))$$ (6.10)

式中，"↑"说明该冲突为不相容问题。

（3）显性冲突。在创新项目阶段任务完成时，如果以上利益冲突没有有效解决，人才 m 的超额贡献没有得到相应的合理报酬，人才 m 和 n 在阶段利益总额一定的条件下，必定产生显性冲突。显性冲突将对人才集聚产生实质性影响，这不仅直接导致创新资源的低效率配置，而且还会造成人才信任度下降，降低组织的凝聚力和向心力，造成士气不振，工作满意度下降，积极性、主动性降低，团队合作意识淡薄，抑制人才集聚协同创新作用的发挥。同时，利益分配不公还会致使人才心理失衡，导致人才心理安全感降低，出现人际关系紧张，产生人才效能的内耗，人才资源的浪费，进而降低人才集聚效应的产生和提升。

第 k 阶段结束时利益的目标复合元表示为式（6.11）

$$
gA_{ik}^{'} = \begin{bmatrix} O_{a'} & c_{a1'} & v_{a1} \\ & c_{a2'} & v_{a2} \\ & c_{a3'} & v_{a3} \\ & c_{a4'} & v_{a4} \end{bmatrix} = \begin{bmatrix} 获取, & 支配对象, & M_{ik}^{'} \\ & 施动对象, & 科研团队 \\ & 接受对象, & 人才 i \\ & 时刻, & t_k \end{bmatrix} \tag{6.11}
$$

式中，$M_{ik}^{'} = [$创新利益，大小，$y_{ik}^{'}]$。

相应的条件复合元表示为式（6.12）和式（6.13）

$$
A_{ik1}^{'} = \begin{bmatrix} O_{a1'} & c_{a1'} & v_{a1} \\ & c_{a2'} & v_{a2} \\ & c_{a3'} & v_{a3} \\ & c_{a4'} & v_{a4} \end{bmatrix} = \begin{bmatrix} 投入, & 支配对象, & M_{ik1}^{'} \\ & 施动对象, & 人才 i \\ & 接受对象, & 人才聚集效应 \\ & 时刻, & t_k \end{bmatrix} \tag{6.12}
$$

式中，$M_{ik1}^{'} = [$创新贡献，大小，$IC_{ik}^{'}]$。

$$
lA_{ik2}^{'} = \begin{bmatrix} O_{a1'} & c_{a1'} & v_{a1} \\ & c_{a2'} & v_{a2} \\ & c_{a3'} & v_{a3} \\ & c_{a4'} & v_{a4} \end{bmatrix} = \begin{bmatrix} 承担, & 支配对象, & M_{ik2}^{'} \\ & 施动对象, & 人才 i \\ & 接受对象, & 人才聚集效应 \\ & 时刻, & t_k \end{bmatrix} \tag{6.13}
$$

式中，$M_{ik2}^{'} = [$创新风险，大小，$IR_{ik}^{'}]$。

如果 $y'_{mk} = \mathrm{IC}'_{mk}\mathrm{IR}'_{mk}v_k / \sum\limits_{i=1}^{s}(\mathrm{IC}_{ik}\mathrm{IR}_{ik}) > y_{mk}$ ，同时满足 $y'_{nk} = y_{nk}$ ，人才 m 与 n 之间由于在阶段利益不变的条件下，利益分配不合理，而在第 k 阶段结束时爆发冲突。其复合元模型表示为式（6.14）

$$P = (gA'_{mj} \wedge gA'_{nj}) \times ((lA'_{mk1} \otimes lA'_{mk2}) \wedge (lA'_{nk1} \otimes lA'_{nk2})),$$

$$(gA'_{mj} \wedge gA'_{nj}) \uparrow ((lA'_{mk1} \otimes lA'_{mk2}) \wedge (lA'_{nk1} \otimes lA'_{nk2})), \qquad (6.14)$$

式中，" ↑ "说明该冲突为不相容问题。

综上可知，团队是网络经济时代组织创新的主要形态，其构建过程伴随着人才的聚集和资源的优化配置。科技人才聚集在不同的组织环境下，表现出不同的经济特性，即在和谐组织环境下表现为科技人才聚集经济性效应，在不和谐环境下表现为不经济性效应。但在团队条件下，科技人才聚集的演变受到团队内外环境的影响和制约，往往会由于文化背景、知识阅历、信息不对称和创新收益分配等原因产生各种冲突。这些冲突从本质意义上可以归结为利益冲突，它同时具有建设性和破坏性的双重作用。如何分析、识别、预防和化解冲突，是解决团队科技人才聚集非经济性问题的关键，具有一定的实践意义。因此，从可拓学视角研究科技人才聚集利益冲突的可拓模型，从形式化角度分析和识别科技人才聚集利益冲突的过程，经过一定的可拓变换，为系统、全面地提出并评价治理科技人才聚集利益冲突的策略奠定了数量基础。

4. 可拓关系模型

冲突的复合元模型主要是实现冲突的形式化过程，科研团队冲突的可拓关系，主要用以确定冲突的程度。在可拓关系模型中，将就团队成员之间的单项冲突关系进行量化研究；同时，以此为基础，确定科研团队冲突的整体状态及水平。

冲突本质上是一种关系，是团队成员之间行为或心理因素积累到一定程度所展现出来的一种不可调和的关系。对组织冲突进行定量化表达，需要借助于可拓关系理论的支持。

设 U，V 是科研团队成员中的两个，U，$V \in M$。在 $U \times V$ 上规定一个到实域 I 的映射 K，称：

$$\tilde{r} = \left\{ \begin{array}{l} (u,\ v,\ y)(u,\ v) \in U \times V,\ y = K(u,\ v) \in (-\infty,\ +\infty), \\ \dot{y} = K(T_u u,\ T_v v) \in \in (-\infty,\ +\infty) \end{array} \right\} 为$$

科研团队成员 U，V 之间的一个关于元素 $(u,\ v)$ 变换的二元可拓关系。关系的可拓性表现在某一个具体实施的变换 $T = (T_u,\ T_v)$。u，v 表示为科研团队成员 U，V 的关于某具体关系的量值。

由此可知，可拓关系本质上是一个可拓集合，它是计算两论域中元素之间关于某具体关系冲突程度大小的一个重要工具，按照可拓集合分类的方法，其分类如下。

当 $T = (T_u,\ T_v) = e$ 时，

$$r = \{(u,\ v)(u,\ v) \in U \times V,\ y = K(u,\ v) \geqslant 0\}$$

$$\tilde{r} = \{(u,\ v)(u,\ v) \in U \times V,\ y = K(u,\ v) \leqslant 0\}$$

$$J_0(r) = \{(u,\ v)(u,\ v) \in U \times V,\ y = K(u,\ v) = 0\}$$

以上三式分别表示可拓关系的正域、负域与零界。

当 $T = (T_u,\ T_v) \neq e$ 时，

$$r(T) = \{(u,\ v)(u,\ v) \in U \times V,\ y = K(u,\ v) \leqslant 0,\ K(T_u u,\ T_v v) \geqslant 0\}$$

称为可拓关系关于变换 T 的可拓域。

图6.5 可拓关系的一维坐标

可拓关系可以从图6.5中可知，零界是正域与负域的分界点。在负域 $< a,\ 0 >$ 区间，称为可拓域。通过可拓变换，形成策略并按照一定的标准筛选后，可将此区域的关系转化为正域。当科研团队成员之间的关系值位

于 $< -\infty$, $a >$ 区间，称为负稳定域。在此区间的冲突关系，通过实施变换，不能实现有效转变。此时，科研团队成员之间冲突极大，不可调和。当科研团队成员之间的关系值处在 < 0, $+\infty >$ 区间时，称为正域，表明合作很好。

比如，对于科研团队中的任意两个成员 P、Q 之间，关于创新收益与所承担的创新风险之间的可拓关系可表示如下。

IC_p 与 IC_q 分别为 P、Q 的创新贡献，IR_p 与 IR_q 分别是 P、Q 的创新风险。假设第 k 阶段科研团队收益为 v_k，可得到 P、Q 的预期收益分别为：

$$v_{pk} = \frac{IC_p IR_p}{(IC_p IR_p + IC_q IR_q)} v_k , \quad v_{qk} = \frac{IC_q IR_q}{(IC_p IR_p + IC_q IR_q)} v_k$$

关于收益的可拓关系函数可用式（6.15）表示：

$$y = K(v_{pk}, v_{qk}) = \frac{v'_{pk} - v_{qk}}{v_{pk} + v_{qk}} \tag{6.15}$$

式中，v'_{pk} 是成员 P 的感觉收益，或真实收益。

① 当 $y = K(v_{pk}, v_{qk}) > 0$ 时，表示成员 P 的收益大于预计收益，从成员 P 的角度考虑，不会发生冲突。

② $y = K(v_{pk}, v_{qk}) = 0$ 时，处于零界状态，成员 P 的预计收益与实际收益相等。

③ $y = K(v_{pk}, v_{qk}) \in (a, 0)$ 时，即当 $a < \frac{v'_{pk} - v_{qk}}{v_{pk} + v_{qk}} < 0$，即 $v'_{pk} \in [av_{qk} + (1 + a)v_{pk}, v_{pk}]$ 时，处于可拓域。从本研究的实际问题出发，a 值应使 $av_{qk} + (1 + a)v_{pk} > 0$。

④ 当 $y = K(v_{pk}, v_{qk}) < a$ 时，即 $v'_{pk} < av_{qk} + (1 + a)v_{pk}$ 时，处于负稳定域。此时，团队成员差异过大，冲突问题不易解决。

综上所述，需要说明的是，团队冲突是一种数量化表示法，在设计可拓关系函数时，对相应指标的量化处理是重要的环节。此外，可拓关系函数中的"可拓"体现在变换 T。当函数值小于零时,对其进行可拓变换,以解决团队冲突问题,即变换 T 使可拓关系函数 $y = K(u, v) < 0$ 变为 $y = K[T(u, v)] > 0$。

第三节　科研团队组织冲突调控的可拓策略生成方法

上一节根据可拓理论,构建了科研团队的组织冲突的可拓模型,为组织冲突调控提供了理论基础。但这仅是为解决冲突问题提供了一个形式化模型,还需要根据冲突的性质,选择适当的冲突问题调控方法。根据相关研究,组织冲突属于不相容问题。可拓理论为不相容问题的解决提出了可拓策略生成方法。

一、组织冲突调控的可拓策略生成方法思路

采用可拓理论,解决冲突问题有三种思路,一是目标不变,通过条件的变换使冲突问题得到解决;二是条件不变,通过对目标的变换使冲突得以解决;三是目标和条件同时改变[267],使冲突得以化解。不管哪一种方法,要使冲突问题得以解决,关键在于找到适当的变换 $T = (T_W, T_K, T_P)$,使 $T_K K(T_P) = K'(P') > 0$。

所谓可拓策略,是使冲突问题的相容度从小于等于零,变为大于零的可拓变换或可拓变换的运算式,即冲突问题的解变换[267]。

可拓策略生成方法是以可拓学的基本思想为基础,模仿人类的思维模式,用形式化、定量化方法生成解决冲突问题的策略方法。它通过建立冲突问题的可拓模型,利用关联函数计算冲突的相容度以判断冲突的程度,对冲突进行拓展分析、共轭分析和可拓变换,再通过评价选优,从而得到冲突解决的可拓策略方法,称为可拓策略生成方法[268]。

1. 可拓策略生成的基本思路

可拓策略生成的理论基础是可拓论，旨在解决冲突问题，基本思路如下[269]。

（1）明确冲突问题的目标与条件，采用基元构建冲突问题的可拓模型。

（2）根据冲突问题的相关条件和目标，确定冲突问题的核问题。

（3）建立相容度函数，判断冲突的程度。

（4）选择对目标或对条件开展分析。若目标不变，则对条件分析，采用相关分析构建问题的相关树或相关网；若条件不变，则对目标分析，采用蕴含分析构建问题的蕴含树；若目标和条件均需要分析，则按照以上顺序进行，并建立问题的相关或蕴含树。

（5）对相关树或蕴含树的树叶进行发散分析或共轭分析，然后进行可拓变换，再根据传导变换，形成传导变换蕴含树；由可拓变换和传导变换形成的树，通常称为可拓策略生成树。

（6）对变换后形成的问题，再计算其相容度值，若其相容度大于零，则此可拓变换或变换的运算式即为解决冲突问题的可拓策略。

2. 冲突调控的可拓变换方法

物元的基本变换包括置换变换、增删变换、分解变换与扩缩变换。本研究以置换变换为例，研究科研团队冲突问题处理的基本思想和操作过程。置换变换既可以对物元模型中的目的进行变换，对条件进行变换，也可以同时进行变换。本研究将以科研团队文化冲突为例，分析科研团队冲突处理的思想和方法。

二、组织冲突调控可拓策略生成方法实施步骤

本节以人才集聚中的文化冲突为例，阐述冲突调控可拓策略生成的具

体实施步骤。

1. 科研团队文化冲突的内涵

组织中聚集的人才一般会受到不同的个体文化、组织文化和地域文化的影响。其中，个体文化是以个体为本位的文化，它以承认个体独立为前提，强调尊重个体价值，保障个体权利，维护个体尊严，注重自我支配和自我控制，并最终实现个体的全面自由，具有他人中心和自我中心两个维度。组织文化是指一个组织在生存和发展过程中，塑造、积累的被组织成员认同和践行的行之有效的基本假设体系。这种假设在组织中根深蒂固、稳定发展，影响并指导员工的思想、意识和行为取向[270]。地域文化是指在一定时期和地域空间，人们在行为方式、语言思维、思想观念、宗教信仰、生产方式、风俗习惯等方面的共同模式，是一个地域的地理、历史、政治和经济等要素长期演化、共同影响、相互作用的结果。个体文化、组织文化和地域文化是文化发展的三个层次，地域文化是一种宏观文化，既有文化的共性特征，又具有地域特色，组织文化是以组织创始人的个体文化为基础不断建构和发展起来的文化，既有个人文化的烙印，又具有群体文化的普适性。而个体文化是强化个性张扬，鼓励个人自由和全面发展的文化，具有主动性、积极性和创造性的特征，三者之间彼此促进、互相影响、共同演进，对人才的流动、集聚、合作方式等具有深远的影响。

在人才集聚过程中，由于个体差异、组织特征和地域空间等因素影响，不可避免地存在文化冲突现象。人才集聚文化冲突是指组织成员在人才流动、配置和运行过程中，所产生的价值理念、思想行为、风俗习惯、自由信仰等方面的不相容、彼此对立的现象，突出表现为不同人才自身所潜藏的个体、组织、地域文化及其要素之间的对抗和互相排斥的过程。

实现人才集聚经济性效应，不仅依赖于组织中人才的优化配置，更需要人才之间能够实现协同合作、信息共享、集体学习和深度沟通的和谐组织环境。但由于受到文化冲突的影响，如果这些冲突不能得到及时的化解和有效的管理，经过不断的累积和发酵，达到一定能量后便会以更大的冲突爆发出来，产生"摩擦力"，降低组织环境的和谐度和聚集力，导致人才集聚经济性效应降低或直接产生非经济性效应。因此，要实现人才集聚经济性效应的产生与提升，就必须深入把握文化冲突产生的动因，以便制定有效的调控策略。

2. 假设条件

（1）经咨询相关人力资源管理专家❶，把文化冲突的程度分为五个等级，总分100，即"非常高"（70，100）、"较高"（30，70）、"适度"（20，30）、"较低"（5，20）、"非常低"（0，5）。文化冲突的初始等级为"非常高"，其初始值为 u，$u \in （70，100）$。

（2）根据文化冲突的正负效应，组织的目标是使文化冲突程度控制在"适度"的状态，即通过调控冲突，使其下降幅度为（$u - 30$，$u - 20$）。

（3）企业初始采取的调控冲突的措施为传统的冲突调控方法，但效果并不明显，文化冲突降低幅度为（a，b），$b < 10$，$a > 0$，$b > 0$。

（4）以降低文化冲突为目标事元，以文化冲突调控工具为条件物元。文化冲突由目标事元和条件物元构成，其基本形式为：$P = G \times L$，$G \uparrow L$。其中，G、L分别表示目标和条件。"↑"说明目标在给定条件下不能实现，即该问题为不相容问题或者为冲突问题。

3. 人才集聚文化冲突可拓策略生成方法步骤

本研究借鉴可拓学中的不相容问题的求解思路，分析人才集聚文化冲突调控的形式化过程。文化冲突可拓调控的具体过程如下。

---

❶ 咨询南京航空航天大学经济与管理学院管理学、人力资源管理、创新管理等多位教授，并结合冲突的相关理论，对冲突的等级进行分类。

（1）界定冲突的目标 G 与条件 L ，建立基元可拓模型。

$$P = G \times L = \begin{bmatrix} 降低, & 支配对象, & 文化冲突 \\ & 施动对象, & 组织 \\ & 状态, & 从非常高转化为适度 \\ & 降低程度, & \langle u-30, u-20 \rangle \end{bmatrix} \times \begin{bmatrix} 调控工具, & 类型, & 传统 \\ & 效果, & 不明显 \\ & 降低程度, & \langle a, b \rangle \end{bmatrix}$$

（2）建立核问题的可拓模型 $P_0 = g_0 \times l_0$ 。

$P_0 = g_0 \times l_0$

  $=$（文化冲突，降低程度，$\langle u-30, u-20 \rangle$）×（调控工具，降低程度，$\langle a, b \rangle$）

  $= (CT \quad c_{0s} \quad \langle u-30, u-20 \rangle) \times (MT \quad c_{0s} \quad \langle a, b \rangle)$

其中，CT 、MT 表示文化冲突和调控工具。

（3）建立 P_0 的相容度函数 $K(x)$ ，并判断是否 $K(x) \leqslant 0$ ，小于等于零则对 g 或 l 进行拓展分析，若大于零，则说明冲突 P_0 是相容问题。

以 $X = \langle u-30, u-20 \rangle$ 为正域，最优点为 $x_0 = u-20$ ，建立简单的相容度函数为：

$$K(l_0) = k(x) = \frac{x - (u-20)}{[(u-20)-(u-30)]} = \frac{x+20-u}{10}$$

当 $x \in \langle a, b \rangle$ 时，根据假设 $k(x) = \dfrac{x+20-u}{10} < 0$ ，即文化冲突为不相容问题。此时，文化冲突可以表示为 $P_0 = g_0 \times l_0 g_0 \uparrow l_0$ 。

（4）应用拓展分析原理，对冲突开展拓展分析

根据组织冲突理论，适度的冲突水平有利于提升组织绩效，而过高或过低的组织冲突都不利于组织的绩效。因此，对于组织而言，文化冲突过大或者过小，都会造成组织的不和谐，对企业人才集聚效应会产生消极影响。而适度的文化冲突有利于思考问题，彼此沟通，促进和谐，提升组织的想象力、创造力和适应性，提高人才集聚效应水平。为此，企业的目标是要维持"适度"的冲突水平。因而，必须对文化冲突模型的条件部分进

行条件拓展分析。文化冲突的条件是冲突调控工具，根据冲突调控的相关理论，可结合可拓工程学的发散分析原理：

$$
\begin{cases}
(O_1 \quad c_{0s} \quad v_1) \prec \begin{cases} (O_{11}c_{0s}v_{11}) \\ (O_{12}c_{0s}v_{12}) \end{cases} \\[2em]
(O_2 \quad c_{0s} \quad v_2) \prec \begin{cases} (O_{21}c_{0s}v_{21}) \\ (O_{22}c_{0s}v_{22}) \end{cases} \\[2em]
(O_3 \quad c_{0s} \quad v_3) \\[1em]
(O_4 \quad c_{0s} \quad v_4) \prec \begin{cases} (O_{41}c_{0s}v_{41}) \\ (O_{42}c_{0s}v_{42}) \end{cases} \\[2em]
(O_5 \quad c_{0s} \quad v_5) \\[1em]
(O_6 \quad c_{0s} \quad v_6) \\[1em]
\cdots
\end{cases}
$$

（5）在对 l_0 进行拓展分析的基础上，对所拓展出的基元进行可拓变换，并生成策略集。由此，至少可以选择如下六种条件的变换：

① $T_1 l_0 = (MT \oplus O_1 \quad c_{0s} \quad \langle a_1, b_1 \rangle) = l_1$，且 $K(l_1) = \dfrac{x + 20 - u}{10} < 0$；

② $T_2 l_0 = (MT \oplus O_2 \quad c_{0s} \quad \langle a_2, b_2 \rangle) = l_2$，且 $K(l_2) = \dfrac{x + 20 - u}{10} < 0$；

③ $T_3 l_0 = (MT \oplus O_3 \quad c_{0s} \quad \langle a_3, b_3 \rangle) = l_3$，且 $K(l_3) = \dfrac{x + 20 - u}{10} < 0$；

④ $T_4 l_0 = (MT \oplus O_4 \quad c_{0s} \quad \langle a_4, b_4 \rangle) = l_4$，且 $K(l_4) = \dfrac{x + 20 - u}{10} < 0$；

⑤ $T_5 l_0 = (MT \oplus O_5 \quad c_{0s} \quad \langle a_5, b_5 \rangle) = l_5$，且 $K(l_5) = \dfrac{x + 20 - u}{10} < 0$；

⑥ $T_6 l_0 = (MT \oplus O_6 \quad c_{0s} \quad \langle a_6, b_6 \rangle) = l_6$，且 $K(l_6) = \dfrac{x + 20 - u}{10} < 0$。

上述六个可拓变换（$T_1 \sim T_6$，分别表示沟通、承认文化差异、文化融合、愿景、信任和培训等调控文化冲突的策略）中，单个变换都不能使 $K(x') > 0$，单独使用某一种调控工具不能使冲突得到有效解决，而只能有所缓解。但如果同时使用若干个调控工具，即 $T = T_1 \wedge T_2 \wedge T_3$，或 $T = T_1 \wedge T_2 \wedge T_3 \wedge T_4$ 或 $\cdots T = T_1 \wedge T_2 \wedge T_3 \wedge T_4 \wedge T_5 \wedge T_6$，使：

$$Tl_0 = \left(MT \oplus O_1 \oplus O_2 \oplus O_3 \quad c_{0s} \quad \langle a_1', b_1' \rangle \right) = l_1', \ \text{若} \ K(l_1') = \frac{x + 20 - u}{10}$$

$$> 0;$$

$$Tl_0 = \left(MT \oplus O_1 \oplus O_2 \oplus O_3 \oplus O_4 \quad c_{0s} \quad \langle a_2', b_2' \rangle \right) = l_2', \ \text{若} \ K(l_2') =$$

$$\frac{x + 20 - u}{10} > 0;$$

$$\cdots$$

$$Tl_0 = \left(MT \oplus O_1 \oplus O_2 \oplus O_3 \oplus O_4 \oplus O_5 \oplus O_6 \quad c_{0s} \quad \langle a_4', b_4' \rangle \right) = l_4'$$

若 $K(l_4') = \frac{x + 20 - u}{10} > 0$，则文化冲突可以解决。文化冲突的调控策略集为 $T = \{T_1, T_2, T_3, T_4, T_5, T_6\}$ 的若干组合。

沟通、承认文化差异、文化融合、愿景、信任和培训等的若干组织形式，是调控人才集聚文化冲突的策略集。其中，深化沟通可以化解矛盾、消除敌意、增进了解；承认差异在于换位思考、尊重差异、平等对待。文化融合旨在文化创新，构建多元化包容文化。愿景则能够共塑核心价值观，共享组织目标；建立信任可以消除误解，减少机会主义行为，提升组织和谐。强化文化的差异性、适应性、包容性培训，可以增强文化适应能力，提升冲突处理能力。

对于文化冲突的调控，首先，要辩证地认知冲突效应，既要看到正效应，也要关注负效应，保持适度的冲突水平。其次，文化冲突的调控是一个系统工程，单一运用某一种策略很难达到理想的调控效果，必须根据组织的发展目标、经济实力、发展阶段，统筹规划，系统管理。只有采取多种策略组合，才能促进冲突的消解，为人才集聚效应的实现创造和谐的组织环境。

（6）通过优度评价，对生成的可拓策略进行评价选优。

选取优度较高的一个或若干个策略，作为管理者进行决策时的参考策略。其具体步骤如下[271]。

① 根据专家意见、决策者意见和实际情况，确定评价特征：$c_1, c_2, \cdots, c_n$。

② 根据各评价特征的重要程度，分别赋予权系数，非满足不可的条件的权系数，以 Λ 记之，对于其他评价特征，则赋予 [0，1] 间的值，设权系数为：$\beta_1, \beta_2, \cdots, \beta_{n'}, n' \leqslant n$。

③ 首先用非满足不可的条件对各备选策略进行筛选，设筛选后的策略为 $s_j (j = 1, 2, \cdots, m)$。

④ 计算各策略 s_j 关于各评价特征的值：$c_i(s_j)$，$i = 1, 2, \cdots, n'$；$j = 1, 2, \cdots, m$。

⑤ 对不同的评价特征，分别建立不同的关联函数，计算关联函数值。

$k_i[c_i(s_j)]$，$i = 1, 2, \cdots, n'$；$j = 1, 2, \cdots, m$。

⑥ 计算各策略关于各评价特征的规范关联度。

$k_i'[c_i(s_j)]$，$i = 1, 2, \cdots, n'$；$j = 1, 2, \cdots, m$。

⑦ 按照问题的性质，采用综合优度方法，计算不同策略的综合优度[268]，具体为

$$C(s_j) = \sum_{i=1}^{n'} \beta_i k_i'[c_i(s_j)] \text{，} j = 1, 2, \cdots, m;$$

$$C(s_j) = \bigwedge_{i=1}^{n'} k_i'[c_i(s_j)] \text{，} j = 1, 2, \cdots, m;$$

$$C(s_j) = \bigvee_{i=1}^{n'} k_i'[c_i(s_j)] \text{，} j = 1, 2, \cdots, m。$$

⑧ 按照计算的优度排序结果选择最佳的实施策略。

三、可拓策略生成方法在组织冲突调控中的应用

1. 案例背景

某高校科研团队 W 共有 10 人组成，其学科背景分别有人力资源开发与管理、知识创新、战略管理等方面。近十年来，团队成员的教学和科研能力不断提升，在人力资源、技术创新等领域均取得了显著的研究成果。某高校科研团队承担并结题国家级课题三项，在研国家级课题三项、省部级课题四项、横向课题两项；科研经费较为充足，发表高水平学术论文百余篇，其中被 SCI、EI、SSCI、CSSCI 等收录近 60 篇；并获得多项国家、省市级科研成果奖；出版著作及教材 10 余部。可以说，该科研团队人才集聚效应较为显著，科研成果突出，成绩斐然。

但是，在科研团队内部因课题申报、课题经费的分配使用、论文署名顺序、科研成果排名，以及科研奖励等方面，也存在潜在与现实的利益之争。比如，对于课题的申报竞争，团队成员 A 与团队成员 B 实力相当，均想申报同一个国家课题，就导致了双方心理上的压力和行为上的竞争，同时也伴随着团队资源的不合理使用和浪费；在课题经费使用和分配过程中，也存在经费使用过多与过少的问题，导致团队成员间矛盾重重，人际关系紧张，工作绩效降低和协同合作不足的现象；在论文署名和科研成果奖励方面，往往能力很强、做工作最多的成员在论文署名和科研成果奖励方面，不能得到合理的体现和尊重，反而出现了领导占用其他成员的研究成果，以及领导科研奖励排名第一等诸多问题。这对于一线科研人员而言，不仅在心理上产生了失衡，同时也在荣誉和经济利益上产生了严重的不公平感。此外，随着团队成员知识和能力的不断发展变化，团队成员的工作职位匹配度和分工合理度，也会对成员个体能力发挥和团队整体绩效提升具有重要影响。因此，以上因素导致了团队内部的关系冲突较为严重。同时，在该科研团队课题申报、科

学研究过程中，需要以各种正式与非正式的形式开展课题讨论与研究工作。比如，在课题讨论过程中，不同成员因专业背景、知识结构差异会提出不同的见解或观点，产生任务冲突。任务冲突可以为产生更多的问题解决方案，提供有力条件，有利于探寻解决问题的最佳路径，从而增强团队整体的研究能力和创新能力，进而促进人才集聚效应的产生与提升。但是，由于受到关系冲突的影响，团队任务冲突的水平和效果并不理想，从而抑制了人才集聚效应。因此，对于科研团队而言，如何充分发挥团队的任务冲突效果，抑制、削减关系冲突水平，是一个重要的管理实践问题。

2. 科研团队组织冲突的可拓模型

根据以上案例可知，某科研团队 W 为了实现科研团队人才集聚效应，希望激发团队建设性冲突，减少或化解破坏性冲突，把团队任务冲突（建设性冲突）控制在适度的状态，而把关系冲突（破坏性冲突）控制在较低的水平。假设该团队的任务冲突平均水平为 A_1，关系冲突平均水平为 A_2（假设任务冲突和关系冲突的区间范围为（1，7）），该团队管理者希望把任务冲突和关系冲突水平控制区间分别为 (a_1, b_1)（$A_1 < a_1$）与 (a_2, b_2)（$A_2 > b_2$）。根据可拓学矛盾问题处理理论，这是一个主观愿望与客观现实相冲突的问题，即不相容问题。根据组织冲突理论，影响科研团队冲突的动因主要可以归为沟通水平、个体差异、组织结构和利益分配这四类。据此，根据不相容问题求解的基本思路，该冲突的核问题模型表示为：

$$C = (g_{10} \wedge g_{20}) \times l_0$$

其中，C 表示冲突问题，g_{10} 表示任务冲突水平实现的目标，g_{20} 表示关系冲突水平实现的目标，l_0 表示科研团队冲突水平实现目标的条件，$\wedge$ 表示与关系。本研究在相关文献综述的基础上，把影响组织冲突的原因归结为个体差异、沟通水平、组织结构和利益分配，假设该团队四个方面的初始值分别为 5.2，3.4，3.2，4.1，其取值范围均为（1，7）。由此，

$$C = (g_{10} \wedge g_{20}) \times l_0$$

$$= \{[\text{某科研团队，任务冲突，}(a_1, b_1)] \wedge [\text{某科研团队，关系冲}$$

$$\text{突，}(a_2, b_2)]\} \times \begin{bmatrix} \text{某科研团队，} & \text{个体差异，} & 5.2 \\ & \text{沟通水平，} & 3.4 \\ & \text{组织结构，} & 3.2 \\ & \text{利益分配，} & 4.1 \end{bmatrix}$$

其中，其条件范围用 B 表示，则：

$$B = \begin{bmatrix} \text{某科研团队，} & \text{个体差异，} & (c_1, d_1) \\ & \text{沟通水平，} & (c_2, d_2) \\ & \text{组织结构，} & (c_3, d_3) \\ & \text{利益分配，} & (c_4, d_4) \end{bmatrix}$$

在此核问题模型中，某科研团队的四个冲突动因便构成了团队冲突的主要诱因，其取值区间为 (1, 7)。其中，(c_1, d_1) 表示个体差异的范围为："非常小""较小""小""一般""大""较大""非常大"。(c_2, d_2) 表示沟通水平的范围为："非常低""较低""低""一般""高""较高""非常高"。(c_3, d_3) 表示组织结构的范围为："很不合理""较不合理""不合理""一般""合理""较合理""很合理"。(c_4, d_4) 表示利益分配的范围为："很不公平""较不公平""不公平""一般""公平""较公平""很公平"。假设科研团队任务冲突的最优点为 b_1，关系冲突的最优点为 a_2，因为在一定区间内，任务冲突越大，人才集聚效应就越显著，而关系冲突则是越小越有利于人才集聚效应的实现。

以某科研团队为例，假设该科研团队任务冲突为 $A_1 = 2.4$，关系冲突为 $A_2 = 4.5$，但科研团队管理者希望把任务冲突控制在 (3, 5)，关系冲突控制在 (1, 2)。根据以上可拓模型：

$$C_0 = (g_{10} \wedge g_{20}) \times l_0$$

$$= \{[\text{某科研团队，任务冲突，}(3, 5)] \wedge [\text{某科研团队，关系冲突，}$$

$$(1, 2)]\} \times \begin{bmatrix} 某科研团队, & 个体差异, & 5.2 \\ & 沟通水平, & 3.4 \\ & 组织结构, & 3.2 \\ & 利益分配, & 4.1 \end{bmatrix}$$

对于此核问题模型，采用简单的关联函数计算其关联度，正域的有限区间 $X_1 = (a_1, b_1)$、$X_2 = (a_2, b_2)$，$M_1 \in X_1$，$M_2 \in X_2$，

$$k(x) = \begin{cases} \dfrac{x - a}{M - a}, & x \leqslant M \\ \dfrac{b - x}{b - M}, & x \geqslant M \end{cases}$$

$$k_1(x) = \frac{x - a}{M - a} = \frac{2.4 - 3}{5 - 3} = -0.3, \qquad k_2(x) = \frac{b - x}{b - M} = \frac{2 - 4.5}{2 - 1} = -2.5$$

$$k(x) = k_1(x) \wedge k_2(x) = \min\{k_1, k_2\} = -2.5$$

由关联函数计算结果可知，其关联函数值为负值，即关联度小于零。因此，$C_0 = (g_{10} \wedge g_{20}) \times l_0$，$(g_{10} \wedge g_{20}) \uparrow l_0$。此问题为不相容问题，必须借助于可拓学的可拓分析与可拓变换，实现不相容问题的相容化转变，依次实现冲突调控的目的。

3. 组织冲突的相关分析

对于冲突的核问题模型，可根据冲突的目标和条件的相关性，利用相关网分析法，对冲突调控目标或者条件开展相关分析，建立冲突问题的相关网[268]。

根据前文分析，影响冲突的因素主要包括个性特征、沟通、组织结构与利益分配等四个方面。因此，采用可拓模型表示如下：

$$C_0 = \begin{cases} G_{20} \\ L_{20} \begin{cases} L_{201} \\ L_{202} \\ L_{203} \\ L_{204} \end{cases} \end{cases}$$

$$其中，G_{20} = \begin{bmatrix} 某科研团队, & 任务冲突, & (3, 5) \\ & 关系冲突, & (1, 2) \end{bmatrix},$$

$$L_{20} = \begin{bmatrix} 某科研团队, & 任务冲突, & 2.4 \\ & 关系冲突, & 4.5 \end{bmatrix},$$

$L_{201} = (某科研团队, \quad 个体差异, \quad (1, 7))$，

$L_{202} = (某科研团队, \quad 沟通水平, \quad (1, 7))$

$L_{203} = (某科研团队, \quad 组织结构, \quad (1, 7))$，

$L_{204} = (某科研团队, \quad 利益分配, \quad (1, 7))$

则科研团队组织冲突的相关树如图 6.6 所示。

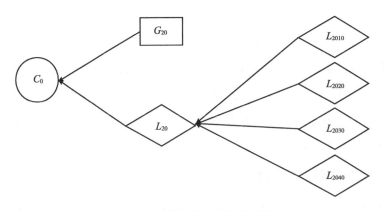

图 6.6　科研团队冲突的相关树

4. 组织冲突的生成策略

前文探讨了解决冲突调控问题的若干可能方法，但并未能有效调控冲突。如果要处理好团队冲突调控问题，需要把不相容问题转化为相容问题。为此，必须对核问题模型的目标或条件开展可拓变换[272]。在本模型中，科研团队的目标是把任务冲突保持在适度的范围内，同时，把关系冲突维持在一个较低的范围内。对于本模型而言，模型目标不能进行可拓变换。因此，只能对条件进行变换，可以对一个指标进行相关变换，也可以对多个指标进行组合变

换，主要目的是为了保证科研团队的冲突能够维持在一个合理的区间。为此，需要作"叶"基元（四个指标值）的可拓变换，以触发对应的传导变换，进而使该问题中的条件发生变化，通过条件的改变达到调控冲突的目的，并把关联度值由小于等于零转化为大于零，实现不相容问题的相容化[272]。

对"叶"基元进行可拓变换如下。

（1）作变换：$T_{2010}L_{2010} = L_{2011}$，由于叶基元变换，会产生传导作用，从而触发如下传导变换：$T_{2010} \rightarrow T_{201}$。

L_{2010} = (某科研团队，　个体差异，　5.2)

L_{2011} = (某科研团队，　个体差异，　4.1)

$$T_{201}L_{20} = L_{201} = \begin{bmatrix} 某科研团队， & 任务冲突， & 2.4 \\ & 关系冲突， & 3.5 \end{bmatrix}$$

这里主要是通过调整人才个体差异策略，称为 S_1 策略。它包括人才的个性差异的认可与尊重，彼此对于价值观的包容、换位思考，个体差异具有先天性、相对稳定性。其调控策略包括人才个体差异的认知与后天的学习培养。① 个体差异是客观存在的，要充分尊重个性特征，尊重人才的地位、价值和尊严，扬弃传统的冲突观，树立积极的冲突观，建立互相包容、求同存异的理念。② 在岗位设置、任务分配和科研工作分工等方面，做到既考虑组织目标，又兼顾人才的个性特征，即融合个人目标和组织目标，使其互相包容，以增进组织和谐。③ 融入组织理念，发展核心价值观。突出组织理念的导向性和引领性，增强人才聚合力与组织凝聚力。高度的凝聚力使员工能够了解和预见彼此的情绪和行为，增强彼此间的信任，提升组织认同和组织使命，同时善于换位思考，给彼此更多的情绪表达空间，从而阻止情感冲突的发生。④ 建立共同目标，培养共同语言。组织为冲突双方提供的共同目标只有经过双方的共同努力才可能实现，并提升合作效果，增进互动与信任；通过强化共同语言，提升彼此沟通效果，增强人才之间信息交流的质量和效率，增强组织成员的组织认同感和忠诚感，激发冲突的正效应，抑制其负效应。⑤ 建立组织学习机制，开展组织学习实践，通过行为训练学会理解、沟通和宽容，改变那些引发冲突的态度和行为，不断实现自我超越，提升自我效能感，形成有效的正面激励和情感支持，从而提高应对组织冲突的认知能力和解决能力。⑥ 出现因人才个性特征导致的组织冲突时，要以正确和积极的心态及时进行解决和疏导，建立和谐的组织冲突调控机制，让科研团队人才能够拥有充分表达意愿的平台和场所，尽可能削减、降低因冲突而产生的负面作用。因此，通过实施调控人才个体差异策略，假设个体差异从"5.2"变为"4.1"，根据传导变换，团队内部人才之间的关系冲突从"4.5"降为"3.5"，但还未达到目标范围（1，2）内。

经过此次变换后，冲突的相关树出现如下变化（途中虚线表示发生变化的部分），可知，由于 L_{2011} 发生变化，通过传导变换作用，L_{20} 变换为 L_{201}，最后影响了目标值，参见图6.7。

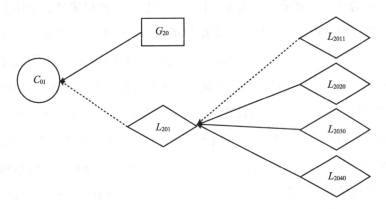

图6.7 人才个性差异认知提高后引起相关树发生的变化

计算通过可拓变换后冲突的相关度的值：

$$k_1(x) = \frac{x-a}{M-a} = \frac{2.4-3}{5-3} = -0.3, \quad k_2(x) = \frac{b-x}{b-M} = \frac{2-3.5}{2-1} = -1.5$$

$$k(x) = k_1(x) \wedge k_2(x) = \min\{k_1, k_2\} = -1.5$$

根据相关度结果，采用可拓变换中的置换变换，即通过调整人们对个性差异的认知，能够减少关系冲突，但未能使问题的相关度 $k(x) > 0$。因此，未能使不相容问题变为相容问题。

（2）作如下可拓变换：$T_{2020}L_{2020} = L_{2021}$，由于叶基元的变换，产生传导作用，从而引起如下相应的传导变换：$T_{2020} \rightarrow T_{202}$。

$L_{2020} = ($某科研团队，　　沟通水平，　　3.4$)$

$L_{2021} = ($某科研团队，　　沟通水平，　　5.2$)$

$$T_{202}L_{20} = L_{202} = \begin{bmatrix} 某科研团队， & 任务冲突， & 4.3 \\ & 关系冲突， & 1.5 \end{bmatrix}$$

通过可拓变换，即改善团队的沟通条件，称为 S_2 策略。团队结构资本通常采用直接或间接联系等方面来衡量，其本质在于沟通在人力资源管理中的应用。因此，对于组织而言，主要是利用结构资本的优势，发挥沟通的积极作用，实现冲突调控的效果。为此，组织主要应关注以下七个方面：① 建立顺畅的、全方位的信息沟通渠道，对因沟通不畅引起的冲突及时化解和削减。适当提高组织网络的密度，增强联结强度，促进人才之间沟通的频率和质量的提升。加快信息传递速度，增强信息传递的时效性，从而有利于任务冲突的实现。② 除了考虑正式组织结构的水平协同和垂直沟通之外，鼓励组织内部建立有利于组织创新的非正式子群体，提高组织的联结密度和强度。强化信息沟通，促进彼此的了解和认知，增强认同感，减少信息不对称和机会主义行为，从而有效抑制关系冲突的发生。③ 从技术角度考虑，可以构建组织虚拟社区，加强虚拟空间的信息共享和创新协作，使人才间的沟通渠道顺畅、便捷，缩短路径距离[273]，提高沟通的水平和效率，减少信息传递中的误差和失真现象。④ 调整和改善组织的网络结构，以正式或非正式的方式加强人才之间的双边或多边联系，提高沟通的可能性和互动频率，以增强信息传递的时效性，提升任务冲突的绩效。⑤ 从文化层面，承认文化的多元性、差异性。促进文化融合，找到更好的合作共存的方法，提升科研团队的凝聚力和创造力。建立多元文化制度，规范双方的权利、义务和责任，保证人才集聚效应的形成和发展。⑥ 完善公开、透明、及时有效的企业信息发布机制。英国危机管理专家里杰斯特认为，对于危机事件要处理好"时"与"效"的关系，前者指企业重大事件一旦发生，需要及时发布信息，以便受到流言蜚语的误扰；后者是指要注重信息的客观与准确，表明企业的态度与责任，以免造成员工心理不安，出现非理性判断[274]。⑦ 积极构建传媒渠道，传播企业文化，倡导健康、理性、开放的言论，从而引导企业舆论，消除员工的不良心理，增强员工的心理安全，帮助他们塑造自信、理性、平和、积极向上的心态，促使员工形成正确的心理判断，化解或剥除"助燃剂"对于破坏性冲突的强化、升级作用。

通过实施 S_2 策略，团队的沟通水平从"低"逐渐变"高"，根据传导变换，从而使得团队人才的任务冲突水平从"2.4"提高到"4.3"，关系冲突水平从"4.5"降到"1.5"。

经过变换后，冲突的相关树出现如下变化（途中虚线表示发生变化的部分）。从中可知，由于 L_{2021} 发生变化，通过传导变换作用，L_{20} 变换为 L_{202}，最后影响了目标值，参见图6.8。

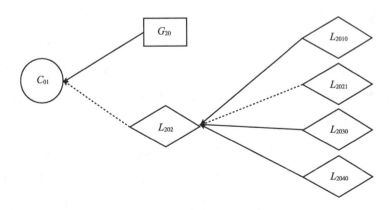

图6.8 人才沟通水平提高后引起相关树发生的变化

计算通过可拓变换后冲突的相关度的值：

$$k_1(x) = \frac{x-a}{M-a} = \frac{4.3-3}{5-3} = 0.65, \ k_2(x) = \frac{b-x}{b-M} = \frac{2-1.5}{2-1} = 0.5$$

$$k(x) = k_1(x) \wedge k_2(x) = \min\{k_1, \ k_2\} = 0.5$$

从变换后的相关度可知，采用可拓变换中的置换变换，即通过调整人们沟通水平，能够有效减少关系冲突与提升任务冲突，从而使问题的相关度 $k(x) > 0$，使不相容问题变为相容问题。

（3）作如下可拓变换：$T_{2030}L_{2030} = L_{2031}$，由于叶基元的变换，产生传导效应，从而触发如下传导变换：$T_{2030} \to T_{203}$。

$L_{2020} = ($某科研团队，　组织结构，　3.2$)$

$L_{2021} = ($某科研团队，　组织结构，　4.4$)$

$$T_{202}L_{20} = L_{202} = \begin{bmatrix} 某科研团队, & 任务冲突, & 3.1 \\ & 关系冲突, & 3.4 \end{bmatrix}$$

通过此次变换，即改善团队的组织结构条件，称为 S_3 策略。组织冲突决策机制的僵化，会造成决策效率低下，缺乏创新精神，员工士气低落，积极性不高等现象。这些都需要对组织的结构进行重构或调整，具体表现在以下方面。①建立新型组织结构，实现组织结构的扁平化、网络化和虚拟化。传统的组织结构，如直线职能制的组织结构，容易诱发破坏性冲突。为此，必须对组织结构进行变革，变传统的金字塔式的组织结构为扁平化的网状组织。对于企业而言，需要基于信息技术与市场的动态变化，以及组织战略的变革及时调整组织结构，注重平等关系、重视沟通效果，减少因组织结构过时或臃肿存在的，诸如信息共享、协作困难导致的局部利益之争，有利于建设性冲突的产生，以提高协同创新的绩效。②改革组织结构设计，增强工作匹配度。在高匹配度的组织中，由于员工个人的知识、技能和能力与工作任务要求一致，保证了员工个人的个性与组织氛围、文化与目标的一致性，员工体验较少的工作压力和冲突，并会表现出较多的积极组织行为或者组织公民行为[275]。通过实施 S_3 策略，假设团队的组织结构的合理性水平从"3.2"提高到"4.4"，根据传导变换，团队人才的任务冲突水平从"2.4"提高到"3.1"，关系冲突水平从"4.5"降到"3.4"。

经过变换后，冲突的相关树出现如下变化（途中虚线表示发生变化的部分）。从中可知，由于 L_{2031} 发生变化，通过传导变换作用，L_{20} 变换为 L_{203}，最后影响了目标值，参见图 6.9。

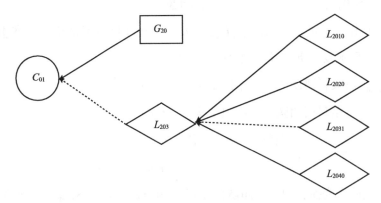

图 6.9　组织结构合理性提高后引起相关树发生的变化

计算通过可拓变换后冲突的相关度的值：

$$k_1(x) = \frac{x-a}{M-a} = \frac{3.1-3}{5-3} = 0.05, \quad k_2(x) = \frac{b-x}{b-M} = \frac{2-3.4}{2-1} = -0.7$$

$$k(x) = k_1(x) \wedge k_2(x) = \min\{k_1, k_2\} = -0.7$$

从变换后的相关度可知，采用可拓变换中的置换变换，即通过调整人们沟通水平，能够有效减少关系冲突与提升任务冲突，但未能使问题的相关度 $k(x) > 0$，因而也不能使不相容问题变为相容问题。

（4）作如下可拓变换：$T_{2040}L_{2040} = L_{2041}$，由于叶基元的变换，产生传导效应，从而触发如下相应的传导变换：$T_{2040} \rightarrow T_{204}$。

$L_{2040} = （某科研团队，　利益分配，　4.1）$

$L_{2041} = （某科研团队，　利益分配，　6.2）$

$$T_{204}L_{20} = L_{204} = \begin{bmatrix} 某科研团队, & 任务冲突, & 4.6 \\ & 关系冲突, & 1.6 \end{bmatrix}$$

通过次变换，即改善团队的利益分配条件，称为 S_4 策略。建立一套科学、合理、动态的利益分配策略是解决利益冲突的有效途径，包括静态分配机制和动态分配机制。妥善解决个人与组织间的利益对立关系，采用公平、公正的原则处理双方的利益关系，合理调配资源，减少组织成员的不公平感，增强组织的聚合力。① 静态分配机制，包括利益分配机制、成本分担机制与非理性行为惩处机制等。利益分配机制，做到程序公平、公正，根据人才的贡献和风险承担比例，按照契约计算各自的利益所得，并及时解决组织内部的权力自利和利益公平问题，促使组织成员产生公平感。成本分担机制，要求团队人才间根据各自的核心能力，进行合理分工，承担相应任务，制定明确的契约或协议对机会主义进行惩罚，减少或避免机会主义行为。② 动态分配机制，主要根据团队的发展阶段及其绩效评审表现，调整团队成员之间的经济性和非经济性激励手段，以便更好地促进团队的协调发展，减少因利益问题而产生冲突。通过实施 S_4 策略，假设团队的利益分配公平性从"4.1"提高到"6.2"，根据传导变换，从而使团队的任务冲突水平从"2.4"提高到"4.6"，关系冲突水平从"4.5"降到"1.6"。

经过变换后，冲突的相关树出现如下变化（途中虚线表示发生变化的部分）。从中可知，由于 L_{2041} 发生变化，通过传导变换作用，L_{20} 变换为 L_{204}，最后影响了目标值，参见图 6.10。

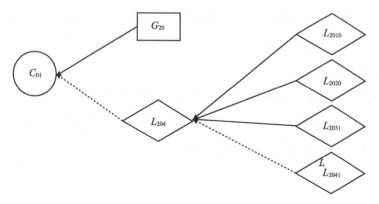

图 6.10 利益分配公平性提高后引起相关树发生的变化

计算通过可拓变换后冲突的相关度的值：

$$k_1(x) = \frac{x-a}{M-a} = \frac{4.6-3}{5-3} = 0.8, \quad k_2(x) = \frac{b-x}{b-M} = \frac{2-1.6}{2-1} = 0.4$$

$$k(x) = k_1(x) \wedge k_2(x) = \min\{k_1, k_2\} = 0.4$$

从变换后的相关度可知，采用可拓变换中的置换变换，即通过调整利益分配的公平性，能够有效减少关系冲突与提升任务冲突，从而使问题的相关度 $k(x) > 0$，并使不相容问题变为相容问题。

根据以上变换计算结果可知，通过置换变换就可以部分地变不相容问题转化为相容问题，即满足关联度值由负转化为正的条件，从而实现了冲突调控问题。然而，对于科研团队管理实践而言，鉴于冲突问题的动态性、复杂性、多变性特征，基本变换也许并不能实现有效调控冲突的目的。为此，本研究拟通过变换的"与运算"来解决冲突问题。鉴于可组合的变换较多，并且采用的方法类似，本研究仅列举一例进行研究。

（5）作如下可拓变换：$T_1 = \mathrm{T}_{2010} \wedge L_{2030}$，由于叶基元的变换，产生传导效应，从而触发如下相应的传导变换：$T_1 \rightarrow T_{205}$。

$$T_{205}L_{20} = L_{205} = \begin{bmatrix} 某科研团队, & 任务冲突, & 4.9 \\ & 关系冲突, & 1.4 \end{bmatrix}$$

此变换通过提高人才个性差异认知度，同时提高团队组织结构合理性，称为 S_5 策略。通过实施 S_5 策略，假设科研团队任务冲突水平从"2.4"提高到"4.9"，关系冲突水平从"4.5"降低到"1.4"，从而达到了冲突调控的目标范围。

经过此次变换后，冲突的相关树出现如下变化（途中虚线表示发生变化的部分）。从中可知，由于 L_{2011}、L_{2031} 发生变化，通过传导变换作用，L_{20} 变换为 L_{205}，最后影响了目标值，参见图6.11。

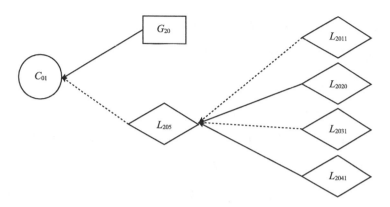

图 6.11　提高人才个性差异认知度与改善组织结构合理性引起相关树变化

计算通过可拓变换后冲突的相关度的值：

$$k_1(x) = \frac{x-a}{M-a} = \frac{4.9-3}{5-3} = 0.95, \ k_2(x) = \frac{b-x}{b-M} = \frac{2-1.4}{2-1} = 0.6$$

$$k(x) = k_1(x) \wedge k_2(x) = \min\{k_1, \ k_2\} = 0.6$$

从变换后的相关度可知，采用可拓变换中的置换变换，即通过调整人才个性差异认知性与组织结构合理性等方面，能够有效减少关系冲突，并提升任务冲突，从而使 $k(x) > 0$，可实现不相容问题的相容化转变。

5. 组织冲突的策略评价

优度评价是对策略的可行性、可操作性等方面的综合评估，优度评价的结果直接影响到策略的选择与实施，对于科研组织团队冲突调控具有重要的作用。根据可拓学中可拓策略生成方法与步骤，首先，需要确定衡量策略的标准或条件，同时，基于相关文献，征询相关专家的意见和建议。组织冲突调控是一个动态变化的过程，有效的冲突调控策略制定与实施，不仅需要组织拥有一定的经济基础，而且也需要组织管理能力的提升。同时，组织冲突调控策略的实施还需要时间的保障。基于以上考虑，确定组织冲突调控策略的衡量条件包括经济成本、管理成本与时间成本，分别记作：$\{M_1，M_2，M_3\}$，经济成本、管理成本与时间成本的取值范围，以及每种冲突调控策略的三种成本的具体取值，主要基于相关专家的建议及团队管理者的管理经验确定。此外，通过专家咨询并采用 AHP 法确定评价因素的权重，其权重系数分别为 $\{\beta_1，\beta_2，\beta_3\}$。其中，$M_1 = （经济成本，V_1）$，其权重系数 $\beta_1 = 0.20$，$V_1 = [0，10] = X_{01}$（单位：万元），则最优经济成本 $x_{01} = 0$；$M_2 = （管理成本，V_2）$，权重系数 $\beta_2 = 0.20$，$V_2 = [0，10] = X_{02}$（单位：万元），则最优管理成本 $x_{02} = 0$；$M_3 = （时间成本，V_3）$，权重系数 $\beta_3 = 0.60$，$V_3 = [0，12] = X_{03}$（单位：月），则最优时间成本 $x_{03} = 0$（月）。

根据可拓学理论，建立关联函数 $k_{ij}(i = 1，2，3；j = 1，2，3，4，5)$（采用正域为有限区间的简单关联函数[49]），其中：

经济成本关联函数：$k_{1j}(x_{1j}) = \dfrac{10 - x_{1j}}{10 - 0}$

管理成本关联函数：$k_{2j}(x_{2j}) = \dfrac{10 - x_{2j}}{10 - 0}$

时间成本关联函数：$k_{3j}(x_{3j}) = \dfrac{12 - x_{3j}}{12 - 0}$

综合优度计算公式：$C(S_j) = \sum\limits_{i=1}^{3} \beta_i k_{ij}(x_{ij})$。

假设上述四个策略假设所用的经济成本、管理成本与时间成本分别为

策略 S_1：$x_{11} = 2，x_{21} = 3，x_{31} = 8$；

策略 S_2：$x_{12} = 4，x_{22} = 4，x_{32} = 4$；

策略 S_3：$x_{13} = 5，x_{23} = 5，x_{33} = 8$；

策略 S_4：$x_{14} = 3，x_{24} = 4，x_{34} = 4$；

策略 S_5：$x_{15} = 7，x_{25} = 8，x_{35} = 3$。

则各策略的关联函数值分别为

$k_{11} = 0.8，k_{21} = 0.7，k_{31} = 0.333$；

$k_{12} = 0.6, k_{22} = 0.4, k_{32} = 0.667;$

$k_{13} = 0.5, k_{23} = 0.5, k_{33} = 0.333;$

$k_{14} = 0.7, k_{24} = 0.6, k_{34} = 0.667;$

$k_{15} = 0.3, k_{25} = 0.2, k_{35} = 0.75_{\circ}$

各策略的综合优度分别为

$$C(S_1) = \sum_{i=1}^{3} \beta_i k_{i1}(x_{i1}) = 0.2 \times 0.8 + 0.2 \times 0.7 + 0.6 \times 0.333 = 0.50;$$

$$C(S_2) = \sum_{i=1}^{3} \beta_i k_{i2}(x_{i2}) = 0.2 \times 0.6 + 0.2 \times 0.4 + 0.6 \times 0.667 = 0.60;$$

$$C(S_3) = \sum_{i=1}^{3} \beta_i k_{i3}(x_{i3}) = 0.2 \times 0.5 + 0.2 \times 0.5 + 0.6 \times 0.333 = 0.40;$$

$$C(S_4) = \sum_{i=1}^{3} \beta_i k_{i4}(x_{i4}) = 0.2 \times 0.7 + 0.2 \times 0.6 + 0.6 \times 0.667 = 0.66;$$

$$C(S_5) = \sum_{i=1}^{3} \beta_i k_{i5}(x_{i5}) = 0.2 \times 0.3 + 0.2 \times 0.2 + 0.6 \times 0.75 = 0.55_{\circ}$$

综上可知，根据策略优度评价结果，策略优度排序为：$S_4 > S_2 > S_5 > S_1 > S_3$，即 S_4 与 S_2 是较好的策略，团队管理者可以通过提升利益分配的合理性与公平性，来实现团队冲突有效调控的目的。

第四节　本章小结

本章在人才集聚理论与组织冲突理论的基础上，结合人才集聚与组织冲突关系的实证研究结论，对科研团队人才集聚过程中组织冲突的调控模型与方法进行了研究。第一，简要阐述了以往冲突调控的方法，包括冲突管理的"两分法"、冲突管理的"二维模型"、引入第三方，以及和谐管理理论等，并分析了可拓学方法调控组织冲突的可行性。第二，利用可拓学理论与方法，根据科研团队冲突的特点与基本过程，以人才集聚利益冲突为例，构建冲突基元模型与可拓关系模型，明确组织冲突问题，并为冲突问题的解决提供模型基础。第三，在冲突可拓模型的基础上，根据可拓理论不相容问题的可拓策略生成方法，以文化冲突为例提出科研团队组织冲突调控的可拓策略生成思路与步骤。第四，以某科研团队为例，进行案例研究，针对团队冲突现状，构建可拓模型，进行拓展分析，生成可拓策略，并进行策略评价与选优，为组织冲突管理实践提供了有益的探索。

第七章　结论与展望

在动态环境下，组织逐渐呈现出去科层化、无边界化、网络化、信息化等趋势，越来越多的组织采用科研团队开展创新活动。因此，科研团队日益成为组织创新的重要载体。作为知识的载体和创新的主体，人才是团队创新的组织者和实施者，人才集聚所产生的集聚效应是团队创新的主要形式。但在人才集聚效应产生与提升过程中，往往伴随着组织冲突等影响人才集聚效应实现的因素。对于科研团队而言，如何提高科研团队的人才集聚效应，并对组织冲突实施有效的调控和科学的管理，已成为学术界与企业需要共同思考的重要问题。基于此，本研究在对组织冲突、人才集聚与社会资本与等相关理论梳理和评析的基础上，从理论与实证两个方面，对组织冲突与人才集聚效应的影响机理进行了深入分析与实证检验；并在此基础上，从可拓学视角提出了组织冲突调控的模型与方法。本研究进一步深化了组织冲突与科研团队人才集聚效应之间的关系，丰富了组织冲突的调控研究。

第一节　主要工作与创新点

一、本研究的主要工作

（1）提出了科研团队人才集聚效应的概念，并对其进行了测度。通过梳理相关文献发现，以往人才集聚的研究成果多聚焦于区域、产业和企业等方面，且以人才集聚效应内涵、环境、模式与评价的研究居多，具体着眼于科研团队人才集聚效应的研究较少。此外，目前学术界尽管对人才集聚效应的概念进行了诸多探讨，但概念较为空泛、宏观。基于此，本研究在借鉴一般人才集聚效应内涵的基础上，根据科研团队的协同性、合作性、创新性、组织结构扁平化等特征，提出了科研团队人才集聚效应的概念，并对科研团队人才集聚效应与一般人才集聚效应进行了区分，认为一般人才集聚效应侧重于从区域、产业的视角，强调了区域、产业相关人才按照一定的机制或制度安排集聚产生的综合效应。本研究从宏观视野突出了人才集聚的经济性，即规模效应、区域效应、学习效应、创新效应等方面。而科研团队人才集聚效应则把空间范围聚焦于团队，重视团队内人才分工、协作、知识共享与协同创新。团队人才集聚效应更具体但实体活动空间较小，而一般人才集聚效应更宏观注重规模优势，覆盖范围更广。对此，科研团队人才集聚效应是一种微观的人才集聚效应，既具有一般人才集聚效应的特征，又具有自身的规律。据此，科研团队人才集聚效应特征包括信息共享效应、集体学习效应、知识共享效应和创新效应。本研究在界定科研团队人才集聚效应概念和特征的基础上，采用因子分析法进行了探索性分析和验证性分析。检验结果表明，科研团队人才集聚效应的四维度特征具有有效性，从而为实证分析提供了理论依据。

（2）实现了组织冲突对人才集聚效应影响机理的定性与定量分析。学术界关于组织冲突对人才集聚效应的影响机理研究，多采用理论分析范式，导致组织冲突对人才集聚效应的影响机理分析深度不够。本研究认为，人才集聚效应是一个复杂演变的过程，在此过程中存在组织化与劣质化倾向，这种倾向受到组织冲突的影响。基于此，本研究采用了双理论视角挖掘组织冲突对人才集聚效应的影响机理。首先，从社会物理学视角，通过社会燃烧理论构建人才集聚效应方程，诠释了组织冲突条件下科研团队人才集聚的劣质化过程。其次，从突变理论视角，采用尖点突变模型研究了冲突条件下人才集聚经济效应与非经济效应的转化机理。这一方面给出了组织冲突对人才集聚效应影响机理研究的新方法，另一方面也丰富了社会物理学与突变论的应用领域，同时，还为组织冲突对科研团队人才集聚效应影响机理的概念模型构建，提供了定量模型支持。

（3）构建基于社会资本调节作用的概念模型并进行实证研究。组织冲突相关的研究问题，一直受到许多学者的关注，过往研究主要聚焦于组织冲突与组织绩效之间的关系[276,81]，而新近研究则主要探讨了组织冲突与创新性思维、创造力及创新之间的关系[99,100]。梳理现有文献发现，组织冲突与人才集聚效应之间关系的文献并不多见。现有文献对于冲突与人才集聚效应之间的关系，主要局限于定性描述，鲜有文献对两者之间的关系进行实证分析。此外，随着社会资本理论的提出，社会资本迅速应用于组织学习与创新领域，对于组织的知识吸收能力、知识扩散、组织学习能力等方面都具有积极的促进作用。借鉴相关研究，社会资本在创新体系中起前因变量或调解变量。同时，根据本书的研究目标和主要内容，拟将社会资本作为调节变量纳入组织冲突与人才集聚效应的概念模型。对此，本研究基于理论分析与相关文献提出了相应假设，并利用所调查的数据，首先分析任务冲突和关系冲突对人才集聚效应的直接作用；其次，分析社会资本的三个维度，即结构资本、关系资本与认知资本，对于冲突与人才集聚效应关系的调节作用。实证研究结果表明，任务冲突对人才集聚效应具有显著的促进作用，关系冲突对人才集聚效应具有显著的抑制作用。当考虑社会资本（结构资本、关系资本与认知资本）的调节作用时，关系资本削弱了任务冲突对人才集聚效应的正向影响，减小了关系冲突对人才集聚效应的负向作用，认知资本降低了关系冲突对人才集聚效应的消极影响。认知资本对任务冲突与人才集聚效应关系的调节作用不成立，结构资本的调节作用未获得验证。这一方面保证了研究结论的全面性与系统性，另一方面也丰富了组织冲突与人才集聚效应关系的实证研究。

（4）提出了基于可拓学的冲突调控模型与方法。实证研究结论表明，适度的冲突水平对于科研团队人才集聚效应具有积极作用。因此，对于科研团队而言，如何保持适度的冲突水平具有重要意义。然而，适度的冲突水平对于团队管理者而言，似乎是一个难以实现的管理困境。过往学者从冲突管理的一维模型、二维模型、博弈论和谐管理理论等诸多视角，进行了开创性分析和探索，这为本书的研究提供了一定的借鉴和启示。但如何突破冲突的管理困境，可拓学的出现给这一问题的解决提供了一个新的思路与方法。可拓学采用基元模型，以可拓集和可拓逻辑为基础，利用拓展分析和可拓变换等工具剖析事物拓展的可能性，能够有效调控冲突问题。基于此，本研究拟采用可拓学方法，构建冲突模型，借鉴可拓策略生成方法提出调控冲突的具体策略，以保证适度冲突对人才集聚效应的积极促进作用。

二、本研究的主要创新点

（1）界定了科研团队人才集聚效应的内涵，并对人才集聚效应的概念进行了测度。根据已有研究成果，现有文献没有从科研团队层次界定人才集聚效应的概念，也尚未给出其维度特征的测量与检验。本研究结合科研团队的特点，提出了科研团队人才集聚效应的概念及其特征维度，即信息共享效应、知识溢出效应、集体学习效应与创新效应等。本书在此基础上，采用探索性因子分析和验证性因子分析，对人才集聚效应的维度进行了确定和检验。结果表明，科研团队人才集聚效应是一个具有四个维度的构念，从而为组织冲突对科研团队人才集聚效应影响机理的实证研究，提供了理论基础，补充并完善了人才集聚理论。

（2）将社会燃烧理论与突变理论应用于组织冲突，对科研团队人才集聚效应影响机理的分析。已有研究尚未给出组织冲突与人才集聚效应关系的定量模型分析范式。本书基于社会燃烧理论，建立了人才集聚效应方程，根据任务冲突与关系冲突的正负作用机制，分析了人才集聚的劣质化过程；根据尖点突变模型，构建了人才集聚效应演化的动力学方程。人才集聚效应的突变实证分析表明，人才集聚存在双模态与扰动性突跳、结构性突变和滞后现象等突变特征。这为组织冲突对人才集聚效应的影响机理分析提供了理论和定量模型支持。

（3）建立了组织冲突对科研团队人才集聚效应影响机理的概念模型。以往研究缺乏组织冲突与人才集聚效应关系的实证检验。本书根据相关文献，提出了理论假设，构建了包括组织冲突、社会资本与人才集聚效应三个变量的概念模型。实证检验结果表明，任务冲突与人才集聚效应各维度正相关，关系冲突与人才集聚效应各维度负相关，社会资本在组织冲突与人才集聚效应之间起部分调节作用。本研究弥补了组织冲突与人才集聚效应关系分析中缺少实证研究的不足。

（4）提出了组织冲突调控的可拓学方法。过往研究很少从可拓学视角提出组织冲突调控的方法。本书基于科研团队冲突的动态过程，以利益冲突为例，利用可拓理论构造了组织冲突的可拓模型，解决了组织冲突的形式化定量表示问题；根据可拓学不相容问题的求解方法，以文化冲突为例，提出了组织冲突的可拓生成方法，并进行了案例应用研究。该研究提供了组织冲突调控的定性与定量相结合的分析框架与工具，拓展了可拓理论的应用领域，丰富了组织冲突研究领域的成果。

第二节　管理建议

科研团队若要实现持续的创新和团队效能，就需要不断地挖掘员工的创造力，实现团队人才集聚效应。但不可否认的是，以科研团队为载体的人才集聚效应的产生和提升，并非会自发和自觉地产生。本研究表明，科研团队要实现人才集聚效应，提升团队创新绩效，不仅需要关注于组织冲突的影响，也需要营造适宜的组织情景。

（1）合理引导和控制组织冲突，发挥任务冲突的积极作用，削减关系冲突的负面影响。

组织冲突是一把"双刃剑"，对团队人才集聚效应既会产生正向影响，也会产生负面作用。因此，对组织冲突进行合理的引导和控制，对人才集聚效应的产生和提升至关重要。对于团队成员间有关任务内容、议题本身存在的观点矛盾及意见争执，团队应予以支持，致力于搭建良好的内部交流互动平台，鼓励成员彼此进行多元意见的开放式交流，以及有关分歧思路想法的辩论，实现团队内部关注内容议题本身的集思广益，以促成团队当前创新任务的完成、创新尝试和学习经验的积累[277]。关系冲突则使团队成员浪费大量时间和精力用于目标、资源和利益协调和人际关系沟通，限制了团队信息处理能力。同时，关系冲突增加了团队成员的学习、工作压力和焦虑程度，降低了成员的认知功能，对团队决策质量和组织创新产生负面效应。为此，团队管理者首先应增强团队成员之间的信任，营造团队交流和互信的文化氛围，利用信任机制"润滑"关系冲突，降低关系冲突升级的可能性；其次，考虑采用适度合作的冲突处理模式，这种方式可能会形成为了实现团队共同目标，而增加个人及团队人才集聚效应的双赢模式，并通过成员间积极的沟通、探讨去交流知识、经验，化解矛盾，增进信任和友谊，从而实现双方或多方优势互补、协同创新；再次，建立学习目标导向团队，学习目标导向者会重视各种提升知识和技能的机会，希望通过努力取得成就并实现学习目标，具有学习目标导向的成员将会更愿意接受更大的挑战，更客观地看待任务冲突和关系冲突，采取对事、不对人的方式解决冲突问题，更有效率地提出问题解决方案。

（2）培育和应用社会资本，为人才集聚效应产生和提升提供资源条件。

根据理论分析和实证检验，社会资本对于科研团队人才集聚效应，以及组织冲突对人才集聚效应的关系都具有重要的影响。加强社会资本的建设，对于合理利用和控制组织冲突，以及实现人才集聚经济效应，避免或降低非经济效应均具有重要意义。首先，加强团队成员之间的证实和非正式沟通，建立协作共享的双赢关系[141]。团队管理者及其成员，要通过各种正式或非正式活动，提高团队成员的社会互动频率，保持成员之间的信息交流，在团队内部形成鼓励建言、形式多样、开放开明等沟通平台。通过高效的沟通交流，使团队成员能够提升对于组织冲突的认识，建立客观的组织冲突观，鼓励激发有利于团队发展的任务冲突，尽可能地降低关系冲突发生的概率。其次，重视对于团队成员创新文化价值观的引导，培养互利双赢、信任忠诚的协作氛围。信任和共享愿景属于社会资本的重要构成要素，应倡导团队成员之间目标一致、相互认同，互惠合作的长期良好关系。同时，应学习和借鉴中国传统文化的思想和精髓，强调团队集体主义和责任使命意识，遵循人际和谐和互利双赢原则，形成适宜交流、共享、创新的文化氛围。此外，"以和为贵"转变为"以合为贵"[144]。中国传统文化主张人际和谐、稳定团结和社会太平，在人际交往上崇尚宽和带人、和气生财，从而营造社会和谐的局面。但是，"以和为贵"并非一味的谦让和追求苟同，而是追求"和而不同，同而不和"。"和合文化"蕴含更多的内涵，代表了中国文化的精髓和生命智慧。"和"是和谐、终极目标，"合"是指合作与融合，是实现"和"的手段和方式。"和合"是指在承认不同事物之矛盾、差异的前提下，把彼此不同的事物统一于一个相互依存的系统中，优势互补、资源匹配，促进创新创造，推动事物发展。因此，"和合文化"既提供了实现团队人才集聚效应的和谐氛围，又为团队创新提供了合作共赢的价值理念与合作实践指导。

第三节　研究的不足之处

　　本研究所构建的概念模型把团队冲突划分为任务冲突与关系冲突，并分别探讨了任务冲突与关系冲突对人才集聚效应的影响，分析了社会资本对冲突与人才集聚效应之间关系的调节作用，并在此基础上提出假设，进行了实证分析与检验。一方面，从实证角度检验了相关文献关于组织冲突与人才集聚效应关系的理论探索；但另一方面，也存在一些不足和需要进一步改进的地方，比如单独探讨任务冲突和关系冲突与人才集聚效应的关系，割裂了团队冲突的完整性和系统性。同时，根据相关研究，任务冲突与关系冲突往往存在的相关关系。一方面可能是由于冲突当事人的错误归因，混淆了对事与对人的问题，另一方面可能是由于冲突当事人在选择处理任务冲突时，所采取的态度或策略出现偏差导致对"事"的问题升级到对"人"的问题，从而导致了关系冲突[278]。

　　此外，本研究的结论也受到样本数据的影响。首先，样本的规模问题，本研究主要针对中部地区部分城市的科研团队进行调研，有效总样本量为211个，主要通过网上调查、个人关系与实地调研的方式收集数据。根据相关文献，样本数量已达到了实证分析的基本要求。但从模型所涉及的变量而言，此样本量并未达到最佳样本量。其次，样本问卷的设计、借鉴与数据的填答等问题。本研究的主要量表大多采用已有文献的成熟量表。比如，社会资本量表、冲突量表等，但也存在一些没有经过检验的量表可以直接借鉴，比如人才集聚效应量表就是在参考相关文献的基础上，通过征求专家的意见确定的。同时，填答者知识背景及其主观性，也在一定程度上对问卷的有效性带来误差。因此，量表的可靠性和有效性还有待于更多的相关研究进行不断的完善与验证。

第四节 未来研究方向

1. 研究虚拟团队冲突及其对人才集聚效应的影响

伴随着互联网技术、通信技术的发展，企业资源要素的全球化配置，组织信息沟通的模式和组织结构出现了新的特点，虚拟组织应运而生。此外，人才资源是组织的第一资源，人本管理成为组织人才管理的重要原则。面对新的组织态势和复杂的管理问题，组织冲突的特征是否会因组织结构的变化而出现新的变化？虚拟团队人才集聚效应将具有怎样的特征？组织冲突将会对虚拟团队人才集聚效应产生怎样的影响？这些问题都需要进一步研究。

2. 考虑整体冲突与人才集聚效应的关系，并考察任务冲突与关系冲突的转化问题

在本研究中，实证分析了任务冲突与关系冲突同人才集聚效应的关系问题，尚未考察团队整体冲突水平与人才集聚效应的关系。因此，未来研究可以借鉴组织冲突与组织绩效的关系方面的相关文献，基于相关文献提出假设，构建概念模型，实证检验团队整体冲突水平与人才集聚效应之间的关系。此外，在本研究提出的概念模型中，也可以将任务冲突与关系冲突的转化问题纳入其中，分析两者之间的相关关系，以及两者的相互转化对人才集聚效应的不同影响。这将会更全面地反映组织冲突与科研团队人才集聚效应之间的关系，所研究的问题会更符合科研团队创新的管理实践，这也是今后研究的一个方向。

3. 基于可拓学研究组织冲突问题的智能化处理

组织冲突是科研团队管理实践中客观存在的现象，组织冲突对人才集

聚效应既存在正向的影响，也具有负向的作用。如何调控冲突使组织冲突处于一个适度的水平，是学术界和管理实践者都应该关注的重要问题。可拓学与计算机技术的发展为这一问题的解决提供一个可行的方法。其中，可拓学提供了一套形式化解决冲突问题的有效方法，计算机技术为冲突问题的智能化解决提供了平台和可能。因此，可以根据冲突理论、人才集聚理论与可拓学理论构建冲突问题的可拓模型，采用基元设定信息生成知识的规则，通过可拓变换从已有信息和知识生成解决冲突问题的策略，利用可拓集合和关联函数作为策略生成与评价的定量化工具，形成"可拓信息—知识—策略生成"的形式化体系，从而实现组织冲突调控的智能化。

参考文献

[1] Faraj S, Yan A. Boundary work in knowledge teams［J］. Journal of Applied Psychology, 2009, 94(3):604-617.

[2] 潘教峰,李成智,周程,等. 重大科技创新案例［M］. 济南:山东教育出版社,2011.

[3] Hackman J R. The design of work teams［A］. In Lorsch J W. (eds.). Handbook of organizational behavior［C］. Englewood Cliffs,NJ:Prentice-Hall,1987:315-342.

[4] Jessup, Leonard M, Connolly, et al. Effects of anonymity and evaluative tone on idea generation［J］. Management Science,1993,36(6):689-704.

[5] Lewis J P. How to build and manage a winning project team［M］. New York:American Manage-ment Association,1993.

[6] Quick T L. Successful team building［M］. New York:American Management Association,1992.

[7] Jesurey-Rocha,Belen Garzón-Garcia M. Scientists'performance and consolidation of research teams in biology and biomedicine at the spanish council for scientific reseach［J］. Scientometrics, 2006(2):183-212.

[8] 方文东. 关于科研团队组建的一些认识［J］. 科技管理研究,2002(4):41-43.

[9] 陈春花,杨映珊. 基于团队运作模式的科研管理研究［J］. 科技进步与政策,2002(4): 79-81.

[10] 吴杨,李晓强,夏迪. 沟通管理在科研团队知识创新过程中的反馈机制研究［J］. 科技进步与对策,2012(1):7-10.

[11] 贺志荣. 组建科研团队应考虑的因素［J］. 科技管理研究,2010(11):195-196.

[12] 尉春燕. 企业研发团队的冲突与创新绩效的关系研究［D］. 天津:河北工业大学,2010.

[13] Omta S W F, van Engelen Jo M L. Preparing for the 21 century[J]. Research Technology Management,1998,41(1):31-35.

[14] 李存金,侯光明. 具有工作互补效应的团队工作管理激励与约束机制设计[J]. 运筹与管理,2001,10(2):154-157.

[15] 蒋日富,霍国庆,谭红军,等. 科研团队知识创新绩效影响要素研究——基于我国国立科研机构的调查分析[J]. 科学学研究,2007(2):364-372.

[16] 井润田,王蕊,周家贵. 科研团队生命周期阶段特点研究——多案例比较研究[J]. 科学学与科学技术管理,2011(4):173-179.

[17] 雷祯孝. 应当建立一门"人才学"[J]. 人民教育,1979(7):11-15.

[18] 王通讯. 人才学概论[M]. 天津:天津人民出版社,1985.

[19] 叶忠海,陈子良,谬克成,等. 人才学概论[M]. 长沙:湖南人民出版社,1983.

[20] 叶忠海. 普通人才学[M]. 长沙:湖南人民出版社,1990.

[21] 罗洪铁,周琪,张家建. 人才学基础理论研究[M]. 成都:四川人民出版社,2003.

[22] 牛冲槐,接民,张敏,等. 人才聚集效应及其评判[J]. 中国软科学,2006(4):118-123.

[23] 郭英坤. 综合集成创新网络下的人才聚集及团队管理研究[D]. 太原:太原理工大学,2010.

[24] 杨彦超. 区域科技投入对科技型人才聚集效应的影响分析[D]. 太原:太原理工大学,2010.

[25] 牛冲槐,张敏,段治平. 人才聚集现象与人才聚集效应分析及对策[J]. 山东科技大学学报(社会科学版),2006,8(3):13-17.

[26] 张敏. 基于角色管理的中小企业人才聚集效应研究[D]. 南京:南京航空航天大学,2010.

[27] 杨芝. 我国科技人才集聚机理与实证研究[D]. 武汉:武汉理工大学,2012.

[28] Edmondson A. Strategies for learning from failure[J]. Harvard Business Review,2011,89(4):48-55.

[29] 牛文元,叶文虎. 全面构建中国社会稳定预警系统[J]. 中国发展,2003(4):1-4.

[30] 牛文元. 社会物理学与中国社会稳定预警系统[J]. 中国科学院院刊,2001(1):15-20.

［31］薛定锷. 生命是什么？［M］. 长沙:湖南科学技术出版社,2005.

［32］Simmons J W. The organization of urban system［A］. in Bourne L S, Simmons J W. (eds). Systems of Cities［M］. New York:Oxford University Press,1978.

［33］Wilson A G. Entropy in urban and regional modelling［M］. London:Pion,1970.

［34］Abler R. Spatial organization［M］. Englewood Cliffs:Prentice Hall,Inc. ,1971.

［35］Hagerstrand F. A monte-carlo approach to diffusion.［J］. Archies europeanes de sociolog-oe,1965(6):43-67.

［36］马永欢,牛文元. 基于粮食安全的中国粮食需求预测与耕地资源配置研究［J］. 中国软科学, 2009(3):11-16.

［37］宁淼,刘怡君,牛文元. 基于拉格朗日函数的和谐社会建构机制分析［J］. 中国软科学,2008(7): 69-76.

［38］王飞跃. 人工社会、计算实验、平行系统——关于复杂社会经济系统计算研究的讨论［J］. 复杂系统与复杂性科学, 2004,1(4):26-34.

［39］Ball P. Termites show the way to the eco-cities of the future［J］. New Scientist, 2010,205 (2748): 35-37.

［40］李倩倩,刘怡君,牛文元. 城市空间形态和城市综合实力相关性研究［J］. 中国人口·资源与环境,2011,21(1):13-19.

［41］刘怡君,牛文元. 基于社会物理学的舆论形成和演化研究［J］. 中国应急管理,2008 (3):28-32.

［42］Stauffer D. Sociophysics simulations II: opinion dynamics［J］. AIP Conference Proceed-ings,2005, 779(1):56-68.

［43］Galam S. Modelling rumors: The no plane Pentagon French hoax case［J］. Physica A, 2003,320 (1-4): 571.

［44］钟月明. 突变理论及其应用［J］. 探求,1995(3):62-63.

［45］雷内·托姆. 结构稳定性与形态发生学［M］. 成都:四川教育出版社,1992.

［46］Thom K. Structure stability and morp hologenesis reading［M］. Mass :Beniamin,1975.

［47］Zeeman E C. Catastrophe theory in brain modelling［J］. The International Journal of Neuro-science,1973,6(1):39-41.

[48] 胡晋川. 基于突变理论的黄土边坡稳定性分析方法研究[D]. 西安:长安大学,2011.

[49] 蔡文,石勇. 可拓学的科学意义与未来发展[J]. 哈尔滨工业大学学报,2006,38(7): 1079-1086.

[50] 赵晓罡. 基于可拓算法的锅炉汽包水位控制研究[D]. 西安:西安科技大学,2011.

[51] 徐顺喜,王行愚. 连续生产综合自动化系统功能集成的可拓控制模型[J]. 系统工程理论与实践, 1998(2):110-113.

[52] 曾韬,余永权,赵锐. 工程矛盾的可拓模型及主要矛盾识别方法[J]. 广东工业大学学报,2013, 30(3):14-17.

[53] 赵燕伟,王欢,郭明. 基于可拓分类挖掘的产品配置设计[J]. 机械设计与制造,2012 (6):26-28.

[54] 邹广天. 论可拓建筑设计创新的基核——创新元[J]. 四川建筑科学研究,2014,40 (2): 248-252.

[55] 黑格尔. 小逻辑[M]. 贺麟,译. 北京:商务印书馆,1980.

[56] Lewis K. Dynamic theory of personally[M]. New York:McGraw-Hill,1935.

[57] Coser L A. The functions of social conflict[M]. New York:The Free Press,1956.

[58] Brown S P,Leigh T W. A new look at psychological climate and its relationship to job involvement, effort, and performance[J]. Journal of Applied Psychology, 1996,81(4): 358-368.

[59] Tedeschi J T,Schlenker B R,Bonoma T V. Cognitive dissonance: Private ratiocination or public spectacle? [J]. American Psychologist,1971,26(8):685-695.

[60] Wall J A,Callister R R. Conflict and its management[J]. Journal of Management,1995,21 (3): 515-558.

[61] 王晓明,王洗尘. 社会系统冲突问题和分析方法研究[J]. 软科学,2002,16(2):2-5.

[62] Fink, Clinton F. Some conceptual difficulties in the theory of social conflict[J]. Journal of conflict resolution,1968,12(4):412-460.

[63] Guetzkow H, Gyr J. An analysis of conflict in decision making groups[J]. Human Relations, 1954,7(2):367-381.

[64] Priem R, Price K. Process and outcome expectations for the dialectical inquiry, devil's

advocacy, and consensus techniques of strategic decision making[J]. Group and Organization Studies,1991,16(2): 206-225.

[65] Amason A C, Schweiger D M. Resolving the paradox of conflict, strategic decision making, and organizational performance[J]. International Journal of Conflict Management, 1994,5(3):239-253.

[66] Jehn K A. A multi-method examination of the benefits and detriments of intragroup conflict [J]. Administrative Science Quarterly, 1995,40(2):256-282.

[67] Jehn K A. A qualitative analysis of conflict types and dimensions in organizational groups [J]. Administrative Science Quarterly, 1997,42(3):530-557.

[68] Jehn K A, Northcraft G B, Neale M A. Why differences make a difference: A field study of diversity, conflict, and performance in workgroups[J]. Administrative Science Quarterly, 1999,44(4): 741-763.

[69] Pondy L R. Organizational conflict: Concepts and models[J]. Administrative Science Quarterly, 1967,12(2):296-320.

[70] Thomas K W. Conflict and conflict management[A]. In Dunnette M D, Hough L M. (eds.). Handbook of industrial and organizational psychology [C]. Chicago: Rand McNally,1976,889-935.

[71] Robbins S P. Essentials of organizational behavior[M]. Upper Saddle River,N J:Prentice Hall, 2000.

[72] Kreidler W. Creative conflict resolution[M]. Glen-view, IL:Scott,Foresman,1984.

[73] Robbins C. Sex differences in psychosocial consequences of alcohol and drug abuse[J]. Journal of Health and Social Behavior,1989,30(1):117-130.

[74] 全力,顾新. 知识链组织之间冲突的三维动因模型[J]. 科学学与科学技术管理,2008 (12): 92-96.

[75] 于柏青. 公共组织冲突成因分析[J]. 东北农业大学学报(社会科学版),2012(4): 85-90.

[76] Van de Vliert. Sternberg's styles of handling interpersonal conflict: A theory-based reanalysis [J]. The International Journal of Conflict Management,1990,(1):69-80.

[77] Seiler J A. Diagnosing interdepartmental conflict[J]. Harvard Business Review,1963,41 (9/10):121-132.

[78] Deutsch M. Conflicts:Productive and destructive[J]. Journal of Social Issues,1969,25 (1):7-41.

[79] Mitroff J, Barabba N,Kilmann R. The application of behavioral and philosophical technologies to strategic planning:A case study of a large federal agency[J]. Management Science,1977,24(1):44-58.

[80] Brown L D, Covey J G. Development organizations and organization development:Implications for a new paradigm[A]. in Pasmore W,Woodman R. Research in organization change and development[C]. Greenwich, GT:JAI Press,1987.

[81] 邱益中. 企业组织冲突管理[M]. 上海:上海财经大学出版社,1998.

[82] DeDreu C K W. Team innovation and team effectiveness:The importance of minority dissent and reflexivity[J]. European Journal of Work and Organizational Psychology, 2002, 11(3):285-298.

[83] Kostopoulos K C,Bozionelos N. Team exploratory and exploitative learning:Psychological safety,task conflict,and team performance[J]. Group & Organization Management,2011, 36(3):385-415.

[84] 于柏青. 中国公共组织冲突效应和冲突管理效应[J]. 东北林业大学学报,2012,40 (8):130-137.

[85] Romer P M. Endogenous technological change[J]. Journal of Political Economy,1990,98 (5):71-102.

[86] 罗杰斯,拉森. 硅谷热[M]. 北京:经济科学出版社,1985.

[87] Fujita M, Krugman P. The spatial economy[M]. Cambridge:MIT Press,1999.

[88] 张道文. 人力资本国际流动与经济发展[M]. 北京:中国财政经济出版社,2004.

[89] Curtis J S. Human capital and metropolitan employment growth[J]. Journal of Urban Economics, 1998,43(2):223-243.

[90] 蔡永莲. 实施优秀人才集聚战略[J]. 教育发展研究,1999(1):28-32.

[91] 王奋,张平淡,韩伯棠. 科技人力资源的区域集聚[J]. 北京理工大学学报(社会科学

版),2002(2):71-74.

[92] 朱杏珍. 人才集聚过程中的羊群行为分析[J]. 数量经济技术经济研究,2002(7):53-56.

[93] 张同全. 我国制造业基地人才集聚效应评价——基于三大制造业基地的比较分析[J]. 中国软科学,2009(11):64-71.

[94] 张体勤,刘军,杨明海. 知识型组织的人才集聚效应与集聚战略[J]. 理论学刊,2005(6):70-72.

[95] 喻汇. 技术型人力资本的价值计量研[J]. 科学管理研究,2008,26(4):86-89.

[96] 赵娟. 人力资本集聚:农业科技园区可持续发展的路径选择[J]. 科技进步与对策,2010,27(6):40-43.

[97] 罗永泰,张威. 论人力资本聚集效应[J]. 科学管理研究,2004,22(1):81-84.

[98] 李明英,张席瑞. 中部六省人才柔性流动下的聚集效应研究[J]. 中国行政管理,2007(4):43-45.

[99] Simons T L, Peterson R S. Task conflict and relationship conflict in top management teams: The pivotal role of intragroup trust[J]. Journal of Applied Psychology, 2000,85(1):102-111.

[100] De Dreu C K W, West M A. Minority dissent and team innovation: The importance of participation in decision making[J]. Journal of Applied Psychology, 2001,86(6):1191-1201.

[101] 牛冲槐,张敏,段治平,等. 科技型人才聚集效应与组织冲突消减的研究[J]. 管理学报,2006(3):302-308.

[102] 牛冲槐,张敏,接民,等. 人才聚集中自我冲突的消减与人才聚集效应研究[J]. 科学学与科学技术管理,2006(8):148-154.

[103] 牛冲槐,王聪,郭丽芳,等. 科技型人才聚集中冲突动因的评判与人才聚集效应研究[J]. 科学学与科学技术管理,2008(11):169-174.

[104] 郭丽芳,牛冲槐,王聪. 人才聚集中利益冲突的削减与人才聚集效应[J]. 科学学与科学技术管理, 2009(6):171-176.

[105] 张槭槭,杨鹏辉. 教研型人才集聚冲突的动因分析与削减化解策略研究[J]. 中国海

洋大学学报(社会科学版),2011(5):58-62.

[106] 王奋,杨波. 科技人力资源区域集聚影响因素的实证研究——以北京地区为例[J].
科学学研究, 2006,24(5):722-726.

[107] 朱杏珍. 浅论人才集聚机制[J]. 商业研究,2002(15):65-67.

[108] 牛冲槐,李若瑶,杨春艳. 科技型人才聚集效应的动因分析[J]. 山西农业大学学报
(社会科学版), 2009(5):539-542.

[109] 孙健,邵秀娟,纪建悦. 新兴工业化国家和地区人才集聚环境建设的经验及启示
[J]. 中国海洋大学学报(社会科学版),2004(6):186-189.

[110] 牛冲槐,高祖艳,王娟. 科技型人才聚集环境评判及优化研究[J]. 科学学与科学技
术管理,2007(12):127-133.

[111] 徐茜,张体勤. 基于城市环境的人才集聚研究[J]. 中国人口·资源与环境,2010,20
(9):171-174.

[112] 孙健,孙启文,孙嘉琦. 中国不同地区人才集聚模式研究[J]. 人口与经济,2007(3):
13-18.

[113] 张樨樨. 我国不同地区人才集聚模式的选择与联动分析[J]. 中国海洋大学学报(社
会科学版), 2010(6):75-78.

[114] 王奋,韩伯棠. 科技人力资源区域集聚效应的度量[J]. 北京理工大学学报,2009
(12):1125-1128.

[115] 芮雪琴,牛冲槐,陈新国,等. 创新网络中科技人才聚集效应的测度及产生机理[J].
科技进步与对策,2011(18):146-151.

[116] 宋磊,牛冲槐,黄娟. 我国各省人才聚集效应非均衡评价研究——基于相对偏差模
糊矩阵法[J]. 科技进步与对策,2012(16):103-109.

[117] 张敏,陈万明,刘晓杨. 中小企业人才聚集效应的虚拟化实现[J]. 管理学报,2010,7
(3):386-390.

[118] 李乃文,刘会贞. 基于系统动力学的产业发展不同阶段人才集聚的决定因素分析
[J]. 科技进步与对策,2012,29(5):152-155.

[119] 卫洁,牛冲槐. 科技型人才聚集下知识转移系统建模与仿真[J]. 科技进步与对策,
2013(5):1-7.

[120] 李红艳,储雪林,常宝. 社会资本与技术创新的扩散[J]. 科学学研究,2004,22(3)：333-336.

[121] Bourdieu P. The forms of capital[A]. In Richardson J. (ed.). Handbook of theory and research for the sociology of education[M]. New York：Greenwood,1986.

[122] Coleman J. Social capital foundations of social theory [M]. Cambridge：Harvard University Press, 1990.

[123] Portes A. Social capital：Its origins and applications in moden sociology[J]. Annual Review of Sociology,1998,24(1)：1-25.

[124] 彭灿,李金蹊. 团队外部社会资本测量指标体系研究[J]. 技术经济,2011(7)：48-50.

[125] Adler P S,Kwon S W. Social capital：Prospects for a new concept[J]. The Academy of Management Review,2002,27(1)：17-40.

[126] Nahapiet J, Ghoshal S. Social capital, intellectual capital and the organizational advantage[J]. Academy of Management Review, 1998,23(2)：242-266.

[127] Woolclck M,Narayan D. Social capital：Implications for development theory,research and policy [J]. World Bank Research Observer,2000,15(2)：225-250.

[128] 张方华. 技术创新主体演进模式研究：社会资本观[J]. 江苏科技大学学报,2007,7(1)：32-37.

[129] Coleman J S. Social capital in the creation of human capital[J]. American Journal of Sociology, 1988(94)：95-120.

[130] 张其仔. 社会资本与国有企业绩效研究[J]. 当代财经,2000,182(1)：53-58.

[131] 边燕杰,丘海雄. 企业的社会资本及功效[J]. 中国社会科学,2000(2)：87-99.

[132] Cooke P, Clifton N. Social capital, and small and medium enterprise performance in the United Kingdom[M]. //NIJKAMP P,STOUGH R, DE GROOT H. Entrepreneurship in the modern space-economy：Evolutionary and policy perspectives, Amsterdam：Tinbergen Institute, 2002.

[133] 柯江林,郑晓涛,石金涛. 团队社会资本量表的开发及信效度检验[J]. 当代财经,2006(12)：63-66.

[134] 彭灿,李金蹊. 团队外部社会资本对团队学习能力的影响:以企业研发团队为样本的实证研究[J]. 科学学研究,2011,29(9):1374-1381.

[135] Gabbay S M, Zuekerman E W. Social capital and opportunity in corporate R&D:The contingent effect of contact density on mobility expectations[J]. Social Science Research, 1998,27(2):189-217.

[136] Yli-Renko H, Autio E, Sapienza H J. Social capital, knowledge acquisition, and knowledge exploitation in young technology-based firms[J]. Strategic Management Journal, 2001,22(6/7):587-613.

[137] Landry R, Amara N. Does Social capital determine innovation? To what extent? [J]. Tech-nological Forecasting & Social Change,2002, 69(7):681-701.

[138] Tsai W, Ghoshal S. Social capital and value creation:The role of intra-firm network[J]. Academy of Management Journal,1998,41(4):464-476.

[139] Allen J C. Community conflict resolution:The development of social capital within an interactional field[C]. Journal of Socio-Economics,2001,30(4):119-120.

[140] Clercq D D,Thongpapanl N,Dimov D. When good conflict gets better and bad conflict becomes worse:The role of social capital in the conflict-innovation relationship[J]. Journal of the Academy of Marketing Science,2009,37(3):283-297.

[141] 陈璐,杨百寅,井润田,等. 高层管理团队内部社会资本、团队冲突和决策效果的关系[J]. 南开管理评论,2009,12(6):42-50.

[142] 吴梦云. 团队社会资本视角下家族企业高管团队冲突管理机制研究[J]. 科技管理研究,2012 (24):136-139.

[143] 胡洪彬. 社会资本:化解医患冲突的重要资源[J]. 海南大学学报(人文社会科学版),2012,30(6): 99-103.

[144] 孙平. 社会资本调节下跨部门冲突管理与创新绩效关系研究[J]. 山东大学学报(哲学社会科学版),2014(1):121-130.

[145] Florin J, Lubatkin M, Schulze W. A social capital model of high-growth ventures [J]. Academy of Management Journal, 2003,46(3):374-384.

[146] Subramaniam M, Youndt M A. The influence of intellectual capital on the types of inno-

vative capabilities[J]. Academy of Management Journal,2005,48(3):450-463.

[147] Gargiulo, Martin, Benassi, M. The dark side of social capital[A]. In Leenders R T A J, Gabbay S M. (eds). Corporate social capital and liability [M]. Boston:Kluwer,1999.

[148] Batjargal B. Social capital and entrepreneurial performance in Russia:A longitudinal study [J]. Organization Studies, 2003,24(4):535-556.

[149] Maskell P. Social capital, innovation and competitiveness[A]. In Boarn S, Field J, Schuller T. (eds). Social Capital [M]. Oxford University Press,1999.

[150] 唐朝永,陈万明,彭灿. 社会资本、失败学习与科研团队创新绩效[J]. 科学学研究, 2014,32(7): 1096-1105.

[151] 谢洪明,陈盈,程聪. 网络强度和企业管理创新:社会资本的影响[J]. 科研管理, 2012,33(9):32-39.

[152] 曾萍,邓腾智,宋铁波. 社会资本、动态能力与企业创新关系的实证研究[J]. 科研管理,2013,34 (4):50-59.

[153] 朱慧,周根贵. 社会资本促进了组织创新吗?[J]. 科学学研究,2013,31(11): 1717-1725.

[154] 张钰,李瑶,刘益. 社会资本对企业创新行为的影响[J]. 预测,2013,32(2):7-11.

[155] 乌云其其格. 国际人才竞争态势及我国的对策[J]. 中国科学院院刊,2010,25(6): 595-601.

[156] 牛冲槐,王秀义,杨春艳. 山西省地级市科技型人才聚集效应的实证研究[J]. 科技进步与对策,2012,29(2): 149-153.

[157] 李其荣. 发达国家对人才资源的开发和利用及对我国的启示[J]. 江西社会科学, 2011(8): 218-226.

[158] 任佩瑜. 基于复杂性科学的管理熵、管理耗散结构理论及其在企业组织与决策中的应用研究[J]. 管理世界,2001(6):142-147.

[159] 王丽平,许娜. 中小企业可持续成长能力评价及能力策略研究——基于熵理论和耗散结构视角[J]. 中国科技论坛,2011(12): 54-59.

[160] 木心. "共生效应"与人才团队[J]. 中国人才,2009(3):1.

[161] 牛文元. 基于社会物理学的社会和谐方程[J]. 中国科学院院刊,2008,23(4):

343-347.

[162] 牛冲槐,高祖艳,王娟. 科技型人才聚集环境评判及优化研究[J]. 科学学与科学技术管理,2007 (12):127-133.

[163] 宁淼,刘怡君,牛文元. 基于拉格朗日函数的和谐社会建构机制分析[J]. 中国软科学,2008(7): 69-76.

[164] 任佩瑜,余伟萍,杨安华. 基于管理熵的中国上市公司生命周期与能力策略研究[J]. 中国工业经济,2004(10): 76-82.

[165] 牛文元. 基于社会物理学的社会和谐方程[J]. 中国科学院院刊,2008,23(4): 343-347.

[166] 闵捷. 农地城市流转"燃烧"机制分析——以湖北省为例[J]. 安徽农业科学,2008, 36(33): 14701-14704.

[167] 顾新,吴绍波,全力. 知识链组织之间的冲突与冲突管理研究[M]. 成都:四川大学出版社,2011.

[168] 宁淼,刘怡君,牛文元. 基于拉格朗日函数的和谐社会建构机制分析[J]. 中国软科学,2008(7): 69-76.

[169] Amason A C,Jun Li,Pingping Fu. TMT demography,conflict and decision making: The key role of value congruence[C]. Academy of Management Annual Meeting Proceedings, 2010,1-6.

[170] 王志强. 风沙运动过程的非线性特性研究[D]. 兰州:兰州大学,2010.

[171] 林乐胜,黄国斌. 基于尖角突变模型的防洪大堤土体稳定性分析[J]. 徐州师范大学学报(自然科学版),2008,26(4):76-78.

[172] 徐岩,胡斌,王元元,等. 基于随机尖点突变理论的心理契约研究[J]. 管理科学学报,2014,17(4):34-46.

[173] Yiu K T W,Cheung S O. A catastrophe model of construction conflict behavior[J]. Building and Environment,2006,41(4):438-447.

[174] Huang Y K,Feng C M.A catastrophe model for developing loyalty strategies:A case study on choice behaviour of pickup point for online shopping[J]. International Journal of Services Operations and Informatics,2009,4(2):107-122.

［175］Wagenmakers E J,Molenaar P C M,Grasman R P P P,et al. Transformation invariant sto-chastic catastrophe theory［J］. Physica D,2005,211(3/4):263−276.

［176］Gilmore R. Catastrophe theory for scientists and engineers［M］. New York:Dover,1993.

［177］Cobb L. Stochastic catastrophe models and multimodal distributions［J］. Behavioral Sci-ence, 1978,23(2):360−374.

［178］Cobb L. Parameter estimation for the cusp catastrophe model［J］. Behavioral Science, 1981,26(3):75−78.

［179］ Cobb L, Koppstein P, Chen N H. Estimation and moment recursion relations for multimodal distributions of the exponential family［J］. Journal of the American Statistical Association,1983,78 (381):124−130.

［180］Hartelman P A I. Stochastic catastrophe theory［M］. Amsterdam:Faculteit der Psycholo-gie,1997.

［181］金观涛,华国凡. 质变方式新探讨[J]. 中国社会科学,1982(1):1−12.

［182］刘清芳. 膨胀土堑坡雨季失稳的突变模型[J]. 重庆交通大学学报(自然科学版), 2009,28(2): 255−258.

［183］ Bantel K A, Jackon S E. Top management and innovation in banking: Does the composition of the top team make a difference? ［J］. Strategic Management Journal, 1989,10(7):107−112.

［184］Carnevale P J, Probst T M. Social values and social conflict in creative problem solving and categorization ［J］. Journal of Personality and Social Psychology, 1998, 74 (5): 1300−1309.

［185］De Dreu K W,Weingart L R. Task versus relationship conflict, team performance and team member satisfaction: A meta−analysis［J］. Journal of Applied Psychology,2003,88 (4):741−749.

［186］Jehn K. Enhancing effectiveness:An investigation of advantages and disadvantages of value based intra−group conflict［J］. International Journal of Conflict Management,1994, 5(3):223−238.

［187］ Amason A C, Schweiger D. The effect of conflict on strategic decision making effectiveness and organizational performance[A]. In De Dreu C K W, Van de Vliert E. (eds.). Using conflict in organizations[C]. London:Sage,1997.

[188] Eisenhardt K M,Kahwajy J L,Bourgeois L J. Conflict and strategic choice:How top management teams disagree[J]. California Management Review,1997,39(2):42-62.

[189] Rahim M A. Toward a theory of managing organizational conflict[J]. International Journal of Conflict Management,2002,13(3):206-235.

[190] Chen M H. Understanding the benefits and detriments of conflict on team creativity process[J]. Creativity and Innovation Management,2006,15(1):105-116.

[191] Jehn K A, Mannix E A. The dynamic nature of conflict: A longitudinal study of intra-group conflict and group performance[J]. Academy of Management Journal, 2001, 44(2):238-251

[192] Pincus D, Fox K, Perez K, et al. Nonlinear dynamics of individual and interpersonal conflict in an experimental group[J]. Small Group Research,2008,39(2):150-178.

[193] 唐朝永,陈万明,牛冲槐. 冲突、社会资本与科研团队人才集聚效应[J]. 商业经济与管理,2013(10):54-62.

[194] 丁君风,姜进章. FTF 与 CMC 沟通形态与冲突强度、沟通满意度的关系研究[J]. 南京社会科学,2012(8):33-40.

[195] Uzzi B. Social structure and competition in interfirm networks:The Paradox of embeddedness [J]. Administrative Science Quarterly,1997,42(1):35-67.

[196] Heide J B,Miner A S. The Shadow of the future: Effects of anticipated interaction and frequency of contact on buyer-seller cooperation[J]. Academy of management journal, 1992,35(2):265-291.

[197] Langfred C W.Too much of a good thing? negative effects of high trust and individual autonomy in self-managing teams[J]. Academy of Management Journal,2004,47(3):385-399.

[198] Mayer R C,Davis J H,Schoorman F D. An integrative model of organizational trust[J]. Academy of Management Review,1995,20(3):709-734.

[199] 卿涛,凌玲,闫燕. 团队领导行为与团队心理安全:以信任为中介变量的研究[J]. 心

理科学, 2012,35(1):208-212.

[200] Carmeli A,Sheaffer Z,Binyamin G, et al. Transformational leadership and creative problem solving：The mediating role of psychological safety and reflexivity[J]. Journal of Creative Behavior, 2014,48(2):115-135.

[201] Avner C,InaA. Collaboration and psychological ownership：How does the tension between the two influence perceived learning? [J]. Social Psychology of Education：An International Journal, 2011,14(2):283-298.

[202] 周浩,龙立荣. 变革型领导对下属进谏行为的影响：组织心理所有权与传统性的作用[J]. 心理学报,2012,44(3):388-399.

[203] 杨肖锋. 团队氛围、网络密度与团队合作[J]. 中国人力资源开发,2013(11):7-13.

[204] 刘艳. 高校社会资本影响组织创新、办学绩效的实证研究[J]. 科研管理,2010,31(1):134-146.

[205] 陈朝旭,缪小明. 研发团队内部社会资本对突破性创新的影响——以知识冲突为中介变量[J]. 情报杂志,2010,29(8):188-191.

[206] Kise,Jane A G. Give teams a running start：Take steps to build shared vision, trust, and collaboration skills [J]. Journal of Staff Development,2012,33(3):38-42.

[207] 李磊,尚玉钒,席西民,等. 变革型领导与下属工作绩效及组织承诺：心理资本的中介作用[J]. 管理学报,2012,9(5):685-691.

[208] Ring P S, Van de Ven. Development processes of cooperative inter-organizational relationships [J]. Academy of Management Review,1994,19(1):90-118.

[209] 李怀祖. 管理研究方法论[M]. 西安:西安交通大学出版社,2013.

[210] 陈昆玉,王跃堂. 管理研究过程及管理研究的科学途径[J]. 科技管理研究,2007(2):228-230.

[211] 包蕴颖. 对系统管理员胜任力的实证研究[D]. 北京:北京交通大学,2013.

[212] 刘雪锋. 网络嵌入性与差异化战略及企业绩效关系研究[D]. 杭州:浙江大学,2007.

[213] Jehn K. Enhancing effectiveness：An investigation of advantages and disadvantages of value-based intragroup conflict[J]. International Journal of Conflict Management, 1994, 5(3):223-238.

[214] Pelled L H, Eisenhardt K M, Xin K R. Exploring the black box: An analysis of workgroup diversity, conflict, and performance[J]. Administrative Science Quarterly, 1999, 44(1): 1-28.

[215] 柳青. 基于关系导向的新企业团队异质性与绩效——团队冲突的中介作用[D]. 吉林: 吉林大学, 2010.

[216] 王丽丽. 大学创新团队成员心理契约对知识共享的影响研究[D]. 大连: 大连理工大学, 2010.

[217] 王怀秋. 团队信任、团队知识共享与团队绩效关系研究[D]. 杭州: 浙江工商大学, 2008.

[218] Renzl B. Trust in management and knowledge sharing: The mediating effects of fear and knowledge documentation[J]. Omega, 2008, 36(2): 206-220.

[219] Chiu C, Hsu M, Wang E. Understanding knowledge sharing in virtual eommunities: An integration of social and social cognitive theories[J]. Decision Support System, 2006, 42(3): 1872-1888.

[220] Abdurrahman E. The effects of social capital levels in elementary schools on organizational information sharing [J]. Educational Sciences: Theory and Practice, 2012, 12(4): 2513-2520.

[221] Cai S, Jun M, Yang Z. Implementing supply chain information integration in China: The role of institutional forces and trust[J]. Journal of Operations Management, 2010, 28(3): 257-268.

[222] 彼得·圣吉. 第五项修炼: 学习型组织的艺术与实践[M]. 北京: 中信出版社, 2009.

[223] Sinkula J M, Baker W E, Noordewiers T. A framework for market-based organizational learning: linking values, knowledge and behavior [J]. Journal of the Academy of Marketing Science, 2003, 25(4): 305-318.

[224] Argyris C, Schon D. Exploratory learning, innovative capacity, and managerial oversight [J]. Academy of Management Journal, 2001, 44(1): 118-132.

[225] 陈国权, 马萌. 企业部门间关系对组织学习能力和绩效影响的研究[J]. 科研管理,

2014,35(4):90-102.

[226] Bessant J, Francis D. Using learning networks to help improve manufacturing competitiveness [J]. Technovation,1999,19(6/7):373-381.

[227] 牛冲槐,王聪,郭丽芳. 科技型人才聚集下的知识溢出效应研究[J]. 管理学报, 2010,4(1):24-27.

[228] 杨玲. 区域人才聚集下的知识溢出效应研究[D]. 太原:太原理工大学,2010.

[229] Rosenkopf L, Nerkar A. Beyond local researeh:Boundary-spanning,exploration, and impact in the optical disk industry [J]. StrategieManagementJournal, 2001, 22 (4), 287-306.

[230] Jaffe A B. Technological opportunity and spillover of R&D:Evidence from firms, patenis, profits and market value[J]. The Ameriean Economic Review,1986,76(15):984-1001.

[231] Chengli Shu,Cuijuan Liu, Shanxing Gao. The knowledge spillover theory of entrepreneurship in alliances[J]. Entrepreneurship:Theory & Practice,2014,38(4):913-940.

[232] Norman P M. Knowledge acquisition, knowledge loss, and satisfaction in high teehnology allianees[J]. Joumal of BusinessResearch,2004,57(6):610-619.

[233] 朱秀梅. 知识溢出、吸收能力对高技术产业集群创新的影响研究[D]. 长春:吉林大学,2006.

[234] Molina-Morales, Francesc X, Martínez-Fernández,et al. Social networks:Effects of social capital on firm innovation [J]. Journal of Small Business Management,2010,48(2): 258-279.

[235] 张光磊,刘善仕,彭娟. 组织结构、知识吸收能力与研发团队创新绩效:一个跨层次的检验[J]. 研究与发展管理,2012,24(2):19-27.

[236] Chang C W,Huang H C,Chiang C Y. Social capital and knowledge sharing:Effects on patient safety [J]. Journal Of Advanced Nursing,2012,68(8):793-803.

[237] 韦影. 企业社会资本的概念与研究维度综述[J]. 科技进步与对策,2008,25(2): 197-200.

[238] 蒋天颖,张一青,王俊江. 企业社会资本与竞争优势的关系研究——基于知识的视角[J]. 科学学研究,2010,28(8):1212-1221.

[239] 庄玉梅. 企业内部社会资本对员工绩效影响研究[D]. 济南:山东大学,2011.

[240] Maurer I, Bartsch V, Ebers M. The value of intra-organizational social capital: How it fosters knowledge transfer, innovation performance, and growth[J]. Organization Studies, 2011,32(2):157-185.

[241] 王三义,何风林. 社会资本的认知维度对知识转移的影响路径研究[J]. 统计与决策,2007, 233(3):122-123.

[242] 张小林,陆扬华. 中国组织情境下企业管理者责任领导力维度结构[J]. 应用心理学,2011,17 (2):136-144.

[243] 王先海. 联盟管理能力与企业绩效、合作满意度关系研究[D]. 长沙:中南大学,2012.

[244] 周霞,景保峰,欧凌峰. 创新人才胜任力模型实证研究[J]. 管理学报,2012,9(7):1065-1070.

[245] 游香华,邹扬丹. CAT 对尘肺合并 COPD 疾病患者生活质量评估及意义[J]. 实用临床医学, 2012,13(12):37-39.

[246] 温忠麟,侯杰泰,张雷. 调节效应与中介效应的比较和应用[J]. 心理学报,2005,37 (2):268-274.

[247] 李世清. 竞争性战略联盟中资源、合作风险与联盟结构研究[D]. 重庆:重庆大学,2010.

[248] 万青. 知识密集型服务业员工创新绩效影响机制研究[D]. 南京:南京航空航天大学,2012.

[249] 甄美荣. 组织创新氛围对员工创新行为的影响[D]. 南京:南京大学,2008.

[250] Compbell D T, Fiske D W. Convergent and diseriminant validation by the mu1titrait-mu1ti method matrix[J]. Pychological Bulletin,1959,56(2):81-105.

[251] 翟绪阁. 大学生网络自主学习影响因素研究[D]. 大连:大连理工大学,2008.

[252] 夏青. 团队创新网络运行机制与创新团队竞争优势提升研究[D]. 天津:天津大学,2010.

[253] Aiken L S, West S G. Multiple regression: Testing and interpreting interactions[M]. Newbury Park, CA:Sage,1991.

[254] Song X M, Parry M E. R&D and marketing integration in Japanese high-technology firms: Hypotheses and empirical evidence[J]. Journal of the Academy of Marketing Science,1993,21(2):125-133.

[255] Robert L P, Dennis A R, Ahuja M K. Social capital and knowledge integrationin digitally enabled teams[J]. Information Systems Research,2008,19(3):314-334.

[256] Bstieler L. Trust formation in collaborative new product development[J]. Journal of Product Innovation Management,2006,23(1):56-72.

[257] 王琦,杜永怡,席酉民. 组织冲突研究回顾与展望[J]. 预测,2004,23(3):74-80.

[258] Blake R R, Mouton J S. The managerial grid[M]. Houston,TX:Gulf,1964.

[259] Rubin J Z. Models of conflict management[J]. Journal of Social Issues,1994,50(1):33-45.

[260] 席酉民,唐方成. 和谐管理理论的数理表述及主要科学问题[J]. 管理学报,2005,2(3):268-276.

[261] 万涛. 冲突管理[M]. 北京:清华大学出版社,2012.

[262] 张强,李兴森,薛惠锋. 基于可拓决策的环境安全预警模型及应用[J]. 管理评论,2011,23(4):39-46.

[263] 张孝义. 农产品可拓物流理论方法及实证研究[D]. 长春:吉林大学,2011.

[264] 刘永清,郭开仲. 复杂大系统的冲突与错误的理论及应用[M]. 广州:华南理工出版社,2000.

[265] 李卫华,杨春燕. Agent 识别矛盾问题核问题的方案研究[J]. 计算机工程与科学,2010(8):127-129.

[266] 朱维伟. 基于可拓学的公路边坡稳定性评价与防治策略研究[D]. 南京:南京林业大学,2013.

[267] 陈伟国. 矛盾问题中矛盾信息弱化策略的研究[D]. 广州:广东工业大学,2011.

[268] 张卫. 基于 XaaS 的制造服务链形成与应用研究[D]. 杭州:浙江大学,2011.

[269] 李建新. 自助游策略生成系统正交软件体系结构研究[D]. 广州:广东工业大学,2011.

[270] 于天远,吴能全. 组织文化的定义和研究方法综述[J]. 经济管理,2009(4):

178-182.

[271] 耿向迎. 基于可拓学的志愿者管理立法完善方法研究[D]. 天津:河北工业大学,2010.

[272] 许阳. 面向企业人才流失问题的可拓策略生成方法研究[D]. 广州:广东工业大学,2012.

[273] 张宝生,王晓红. 虚拟科技创新团队知识流动意愿影响因素实证研究[J]. 研究与发展管理, 2012(2):1-9.

[274] Jun Yan. An Empirical Examination of the Interactive Effects of Goal Orientation, Participative Leadership and Task Conflict on Innovation In Small Business[J]. Journal of Developmental Entrepreneurship,2011,16(3):393-408.

[275] 张伶,聂婷. 员工积极组织行为影响因素的实证研究:工作-家庭冲突的中介作用[J]. 管理评论, 2011,23(12):100-107.

[276] Chaoping Li,Jiafang Lu, Yingying Zhang. Cross-domin effects of work-family conflict on organizational conmmitment and performance [J]. Behavior&Personality:An International Journal, 2013,41(10):1641-1653.

[277] 汪洁. 团队任务冲突对团队任务绩效的影响机理研究——从团队交互记忆与任务反思中介作用视角的分析[D]. 杭州:浙江大学,2009.

[278] 杨艳琴. 高校科研团队冲突的形成及解决机制研究[D]. 武汉:湖北大学,2011.

附录 组织冲突对科研团队人才集聚效应影响机理调查问卷

尊敬的女士/先生：您好！

　　本调查旨在了解科研团队的基本情况、科研团队的冲突现状、团队的社会资本水平，以及团队人才集聚效应的绩效，进而为科研团队充分利用社会资本并对冲突进行有效调控，为实现科研团队人才集聚效应提供理论研究的依据。非常感谢您在百忙之中花费宝贵的时间填写问卷，帮助我们完成调查任务，希望该研究成果能够为科研团队的建设提供有益的借鉴和启示。

　　本问卷采用匿名调查方式，所获得的数据仅用于学术研究并将予以严格保密，绝不会用于任何其他用途。我们将严格遵守科学研究的学术道德规范，不以任何形式向任何人泄露有关信息，敬请放心，也敬盼您提供详实的信息。再次感谢您的合作！

一、基本资料

　　填写说明：请您如实填写本人及所在团队的基本信息，在相应的选项前打"√"。

　　1. 性别：□男　　　　□女

　　2. 年龄：□25 岁以下　　□25~35 岁　　□35~50 岁　　□50 岁以上

　　3. 学历：□大学本科及以下　　□硕士　　□博士

4. 所在团队的成立年限：□1~3 年　　□3~5 年　　□5~10 年 □10 年以上

5. 所在团队的规模：□10 人以下　□10~30 人　□30~50 人　□50~80 人　□80 人以上

6. 所在团队的类型：□军工　　□航空　　□电子　　□研究所 □高校

二、团队冲突

填写说明：下面是组织冲突的测量指标，请根据您自己的体会，在相应的数字上打"√"，表达您的认同程度。

1	2	3	4	5
非常不认同	不认同	不确定	认同	非常认同

任务冲突：

1. 团队成员经常对于研发项目或合作任务有不同的意见或看法			1　2　3　4　5
2. 团队成员经常在任务的实施方面有冲突性观点			1　2　3　4　5
3. 团队成员经常在工作任务问题上存在分歧			1　2　3　4　5
4. 团队成员对工作的想法与其他团队成员有所不同			1　2　3　4　5
5. 团队成员经常从不同视角对工作任务进行讨论			1　2　3　4　5

关系冲突：

1. 团队成员在一起工作时经常会心情沮丧			1　2　3　4　5
2. 团队成员关系比较紧张			1　2　3　4　5
3. 团队成员不能很好融洽相处			1　2　3　4　5
4. 团队成员通常不喜欢彼此沟通			1　2　3　4　5
5. 团队氛围总是不和谐			1　2　3　4　5

三、社会资本

填写说明：下面是社会资本的测量指标，请根据您自己的体会，在相应的数字上打"√"，表达您的认同程度。

1	2	3	4	5
非常不认同	不认同	不确定	认同	非常认同

社会资本结构资本：

1. 团队成员经常自由地交换信息	1　2　3　4　5
2. 团队各层次成员之间存在友谊或关系融洽	1　2　3　4　5
3. 团队与其他团队或组织保持良好的合作关系	1　2　3　4　5
4. 团队成员之间经常共同解决创新过程中存在的问题	1　2　3　4　5

社会资本关系资本：

1. 团队与合作伙伴在合作过程中，双方不存在损人利己的现象	1　2　3　4　5
2. 我们总是信守承诺，具有良好信誉	1　2　3　4　5
3. 当团队出现困难时，团队外合作伙伴依然支持你们	1　2　3　4　5
4. 当团队出现困难时，组织内其他团队会主动帮助	1　2　3　4　5
5. 团队经常与其他团队开展真诚的合作	1　2　3　4　5

社会资本认知资本：

1. 团队成员清楚地了解团队的目标和愿景	1　2　3　4　5
2. 团队成员具有共同的抱负	1　2　3　4　5
3. 团队成员热情地追求共同目标和任务	1　2　3　4　5

四、人才集聚效应

填写说明：下面是人才集聚效应的测量指标，请根据您自己的体会，在相应的数字上打"√"，表达您的认同程度。

1	2	3	4	5
非常不认同	不认同	不确定	认同	非常认同

信息共享效应：

1. 共享知识或信息是习以为常的事情	1	2	3	4	5
2. 知识或信息可以较容易地在团队内部得到	1	2	3	4	5
3. 团队成员具有共享信息的意愿	1	2	3	4	5

集体学习效应：

1. 团队学习的知识具有实用性	1	2	3	4	5
2. 每次集体学习的效果都比较好	1	2	3	4	5
3. 团队经常以正式或非正式的形式开展集体学习活动	1	2	3	4	5

知识溢出效应：

1. 团队采取岗位轮换的方式来提高成员的多种的技能和知识	1	2	3	4	5
2. 团队成员常常通过正式或非正式的方式交流信息或经验	1	2	3	4	5
3. 团队成员通过互动交流往往产生新知识	1	2	3	4	5
4. 团队成员经常讨论新观点、新项目和新方法	1	2	3	4	5

创新效应：

1. 团队获得的创新成果较多	1	2	3	4	5
2. 团队的创新成功率很高	1	2	3	4	5
3. 团队的创新有效地支持了组织竞争力的提升	1	2	3	4	5
4. 团队的创新成果促进了组织的可持续发展	1	2	3	4	5